超級工程 MIT 02
跨越高屏溪的斜張橋

文　　　黃健琪
圖　　　吳子平

社　　長　　陳蕙慧
副總編輯　　陳怡璇
主　　編　　胡儀芬
責任編輯　　張莉莉、胡儀芬
工程師大考驗撰稿　　胡儀芬
審　　定　　王仲宇、陳建州、鍾文貴
行銷企畫　　陳雅雯、尹子麟、張元慧
美術設計　　鄭玉佩

出　　版　　木馬文化事業股份有限公司
發　　行　　遠足文化事業股份有限公司（讀書共和國出版集團）
地　　址　　231 新北市新店區民權路 108-4 號 8 樓
電　　話　　02-2218-1417
傳　　真　　02-8667-1065
E m a i l　　service@bookrep.com.tw
郵撥帳號　　19588272 木馬文化事業股份有限公司
客服專線　　0800-2210-29

印　　刷　　凱林彩色印刷股份有限公司
2020（民 109）年 5 月初版一刷
2024（民 113）年 5 月初版九刷
定　　價　　450 元
I S B N　　978-986-359-800-8

國家圖書館出版品預行編目（CIP）資料

超級工程 MIT. 2, 跨越高屏溪的斜張橋 / 黃健琪文 ； 吳子平圖.
　— 初版，—— 新北市 ； 木馬文化出版 ； 遠足文化發行，民 109.05
面 ；　公分
ISBN 978-986-359-800-8（平裝）
1. 橋樑工程 2. 通俗作品
441.8　　　　　　　　　　　109006216

跨越高屏溪的斜張橋

330m 2610m 180m

文／黃健琪　圖／吳子平

台灣最具代表性的偉大工程，對每個人來說各自有呼應的心情與故事，但這些故事主要來自情感面的投射。

然而，《超級工程 MIT》系列則是從科學、技術、人文、甚至環境的角度來說出工程本身的故事，雖然資訊量不少，但透過編排設計，幫助讀者建立與自己生活更深度的連結，發展出不同的探索方向，隨著文本的閱讀，時而讚嘆、時而思考、時而會心一笑，趣味無窮。

2019 年是莫拉克風災十周年，當年五月「科普一傳十」製作特輯介紹，在「重建有溫度的家」那集，訪問了莫拉克颱風災後重建委員會執行長陳振川教授，他也是台灣的土木專家，在訪談中他特別提到橋梁在重建工程中的意義與重要性，如何用橋聯結、修補破碎的土地，幫助災民重建家園，還有橋梁工程的挑戰與人文重點等等。受限於節目時間，沒有辦法談的太詳細，當得知本系列有斜張橋的專書介紹時，感覺彌補了這個缺憾。

書本內容呈現活潑，沒有工程冰冷的印象，反而相當有溫度，從高屏溪斜張橋的歷史緩緩道來，接著進入橋梁的科普常識，最後介紹斜張的科學獨特性。讀完本書，除了了解台灣土地上偉大的橋梁建築外，亦對世界橋梁有基礎的認識。

而雪山隧道工程素有「雪山魔咒」之稱，光看字面就知道其挑戰與難度。當年雪隧通車時，我就曾以此為題製作成教案，帶入校園與孩子分享，當時都是自己收集的內容，不像本書如此圖文並茂，本書的問世的確是眾望所歸。雪隧工程的困難主要來自台灣特殊的地質結構，國外的經驗只能參考，無法類比應用，重重難關都只能靠台灣的工程師摸索克服，瞭解其中血淚史，每次通過雪山隧道都充滿讚嘆與感恩，也更加思考人類作為與大自然的共生之道。

　　台灣的環境風險高，颱風、地震多，人口密度又在世界名列前茅，這些都是台灣工程的大挑戰；然而，如何克服這些困難，就是台灣可以貢獻世界的智慧。從另一個面向來看，透過了解這些 MIT 超級工程，我們會發現，現在沒有任何一個問題可以在單一領域解決，尤其面對未來環境變遷等不確定因素，如何透過跨領域的學習與合作，則是這個世代必須掌握的關鍵能力。

　　非常榮幸推薦「超級工程 MIT」系列，祝福所有的讀者閱讀愉快。

《科普一傳十》共同創辦人暨執行長
何佩玲

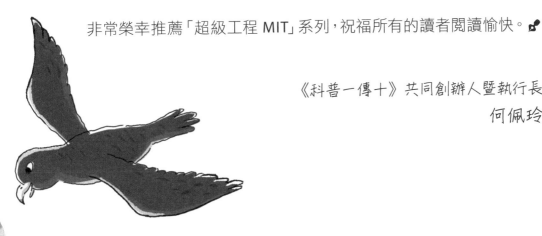

　　身為記者，我採訪過多種不同類型的題材，寫過許多專題報導，同時我也是作家，為小朋友編寫兒童讀物許多年。我常常要閱讀和查詢非常多的資料，也要時時注意目前社會、國際發生了哪些事情，哪些事情是我們很關心、小朋友想要知道的。當我寫完《孩子的第一套 STEAM 繪遊書─火車鑽進地底下》之後，我發現工程的世界實在太吸引人了，最直接的魅力就是那些工程的機械器具，例如挖地鐵隧道的潛盾機，展現了當時的工程技術，也展現了人類如何克服艱難的條件達成任務的智慧。

　　我興致勃勃和出版社編輯分享我的感受，以及我在撰寫時對於國內太少這類圖書可供閱讀的困擾。另一方面來看，喜愛交通運輸、建築工程類型圖書的孩子，看完童書好像也就沒有銜接的閱讀素材了。「何不企劃工程類型的圖書給孩子呢？」於是，我就理所當然的成為了《超級工程 MIT》的作者了。

　　撰寫了《超級工程 MIT》，回頭閱讀這些新聞細節和查詢各種資料，我才驚覺以前因為不懂專有名詞，錯過了許多故事。不知怎麼的，從這時候開始，我化身成了本書的記者，一發不可收拾的，一篇接著一篇的查下去，我也像個喜歡且著迷於事物的孩子一樣被工程的魅力吸引了。

　　我希望小讀者喜歡這本書，能夠透過台灣超級工程的建造過程，去探索你自己的能力、潛力和未來生活的可能性，我也希望大讀者和我一樣，因為閱讀這本書，讓工程不再只是個讓人過目就忘的名詞，而是個對你有意義，能成為激發你關心和了解台灣工程建設的動力。跟著化身為追追和問問的我，一起去看看台灣的超級工程，了解工程會遭遇的挑戰，工程建設的應用，以及台灣與世界工程技術的過去與現況。

工程建設是由需求出發，例如解決交通問題、改善生活品質、節省行車時間、降低污染等等，要解決這些問題，不僅只是進行公共建設而已，還需考量一個區域的整體利益、居民生活型態、生態環境保護、施工的技術與費用等等，是十分全面的思考與計劃，如果能透過選題和企劃，提供孩子一個跨領域思考問題的過程，那麼孩子會對他自己的學習和未來生活有更緊密的連結。因此《超級工程MIT》系列誕生了。

在企劃與製作期間，我們一次又一次確認選擇從台灣出發的「工程」是正確的，因為這和生活在這塊土地上的我們息息相關，了解這些工程更多，就更能認識我們的家園；更因為這些工程都是當時非常具有意義的指標，例如本書介紹的台灣首度挖掘超過 10 公里的雪山隧道，以及第一座大跨徑的斜張橋、101 大樓、高速鐵路等，無論是工程技術的進步，或是施工品質的精進等等，都是將「MIT 台灣製造」推向更具品質的保證。

在製作本書的期間，全球正受到 2019 新型冠狀病毒（COVID-19）的威脅，台灣也因為「國家隊」的團隊合作，在口罩等醫療物資的生產，展現出非常的效率與技術，在疾病大流行之前就確保了我國防疫物資的充足，並在國際間展露頭角。

而我們更希望大家可以看到的是，台灣不只有「口罩國家隊」，每個工程所面臨到的任務不比面對疫情簡單，每一次的工程危機都是靠著工程人員想方設法解決，每一個工程任務的成果都足以躍上國際舞台，他們都是「國家隊」！這也是這系列圖書要帶給孩子的，不只是知識、方法，還有情感與態度。

希望這系列圖書滿足每個有工程師夢想的孩子，也希望可以滿足想要了解台灣更多的你。

最自豪的事：深入報導台灣超級工程

原來公共建設不只是選擇一個地方就開始建造，還要做許許多多的調查和檢測，才能做一個對大多數人都受益的決定。而且還要擁有先進的工程技術，以及精準和謹慎的施工過程，才能成就一個超級工程。

高速公路上的汽車一輛輛呼嘯而過，指派接受採訪的檢測人員大仁哥，正停在路肩的公務車旁氣定神閒的檢查工具。由於南方澳大橋事件，郝蕙茶被小木馬日報指派報導國內橋梁檢測的專題，於是她來到了國道三號約定的地點，看到大仁哥，立刻上前自我介紹：「您好，大仁哥，我是記者郝蕙茶，叫我問問就好，就是問問題的問。」

見大仁哥沒有反應，問問繼續：「大仁哥，去檢查高屏溪橋，除了一般工具，像是量測尺、望遠鏡，還要不要帶特殊的工具，像是無人機可以飛上橋塔檢查，我會操控喔！」

沒想到大仁哥一口回絕：「只是平時檢測，用簡單的量測器具進行檢測就可以了，這次不需要攜帶這麼特別的工具。對了，我們攜帶簡單的物品就好，背包可以留下。」

「好，那我把筆記本、便利貼拿起來……還好我有口袋……可以帶手機吧？」問問一面說，一面把東西收進口袋裡。

「可以，在高空時記得要拿好。來，把安全帽帶好，穿上反光背心。」大仁哥把裝備拿給問問，並叮嚀著：「記住，我們是在高速公路上工作，不要靠近車道，要盡量走路肩，這不是可以開玩笑的工作，疾駛的車輛可不長眼。還有，你的體力如何？橋塔很高，我們要靠雙手雙腿爬上爬下！」

「咦，爬橋塔？不是有升降梯嗎？」問問氣喘吁吁地跟著大仁哥後頭往橋塔方向走。

「我看你對高屏溪斜張橋還不夠熟悉喔！橋塔高 183.5 公尺，相當於 60 層高樓建築，只有一台簡易的升降梯，可以帶我們上去，不過升降梯沒辦法直達塔頂，剩下來還是要靠自己努力爬上去……你，該不會有『懼高症』吧？」大仁哥看著問問一副弱小的樣子，懷疑她有這樣的能耐。

聽到這裡問問雖然開始擔憂，但仍不服氣：「我……我有恐龍等級的神經，還有比大象還大顆的心臟，我平常就熱愛極限運動，不怕爬上爬下！」

但是問問看著身上的反光背心，不免擔心的問：「防護措施這樣就完成了嗎？」

「當然不是，還要套上背負式的安全帶。爬上橋塔時如果不小心腳滑，就需要靠安全帶把自己撐住。」大仁哥說。

問問走出升降梯，從塔的窗戶往下看到一片屏東平原，還看到高速公路上的汽車像是模型小車一樣南來北往：「大仁哥，我們現在在橋塔的哪個部分？」

大仁哥說：「我們在橋塔像 A 字的尖端，從地面算起已經是 120 公尺高的地方了。」

問問：「現在已經是在大約 40 樓的地方了。再往上就沒有電梯了嗎？」

＊這次的橋梁檢測採訪太讓人期待啦！一定可以挖出很多斜張橋的祕密！只是我不知道自己究竟有沒有懼高症@@

「對，還要再爬 60 公尺。」

「哇，我可以感受到風吹橋體在震動……」問問很害怕，雖然心裡一直告訴自己不要怕，還有安全帶，但是還是喃喃的說：「為什麼要爬這麼高呢……」

大仁哥似乎看出問問心裡的害怕，自顧自的說了起來：「高屏溪斜張橋是台灣第一座斜張橋，經過 8 年多的時間才建成，在 1999 年完工通車，這座橋的橋齡也不算新了，而我們做檢測所收集的資料，就像是高屏溪斜張橋的健檢報告，同時也能作為其他橋梁的管理參考。」

「斜張橋可能會受地震、風力、雨量、車流量，甚至旁邊地質變化等環境因素的影響，需要監控，如果發現監測的數據異常，就代表橋可能出毛病了，要趕快想辦法幫它檢修，不然有毛病的橋梁隨時會發生危險。所以在這座橋完工之前，就安裝了很多監測儀器。」

「雖然我們檢測橋梁很多次了，但是我們每一次都還是很謹慎。我記得我第一次要檢測橋梁時，我的師父是這麼提醒我的：『最重要的就是注意自身安全』，現在我也把他的叮嚀送給你，希望你謹記在心！」

「是！謝謝大仁哥。」問問感受到大仁哥暖暖的叮嚀。

「好了，我們上塔吧！」

你好，我是遊隼。

跟我去了解高屏溪斜張橋吧！

2011 年 5 月 24 日

小木馬日報

高屏溪斜張橋上有鳥的骨骸，是誰殺了牠們！

記者／郝蕙茶

登上南二高的高屏溪斜張橋，就可以體會檢測人員的辛勞與好體力。而且爬上塔頂不只要好體力，心臟還要很大顆，因為高屏溪斜張橋的橋塔距地面有 183.5 公尺，全程需要安全繫帶，每一步都要抓緊踏實。記者雖然平常有運動，爬上塔頂還是氣喘吁吁。

記者和檢測人員檢查塔上的燈火後，卻在維修平台上發現了散落的一群鳥骸？！「這些殘骸是其他動物的大餐嗎？」記者推測。但是什麼動物可以爬上這麼高的塔頂呢？石虎、野貓、流浪狗、獼猴……

圖片來源／邱銘源

經過鳥類專家黃光瀛博士的觀察與研究，終於給出答案：是猛禽「遊隼」的傑作，牠利用塔頂平台居高臨下的絕佳位置，將這裡當作『餐桌』，把獵物帶回享用，還留下吃剩的鳥屍當『存糧』。

擁有參天高塔的斜張橋成為了南二高上美麗的風景，竟也成了空中獵人的餐廳，這大概是建造橋梁時想都沒想到的事情吧！

一場追蹤台灣超級工程的旅程即將展開，
跟著小記者的採訪調查，揭開高屏溪斜張橋不為人知的祕密！

高屏溪上著名的大橋

在高屏溪斜張橋還沒有完工之前,一般人提到跨越高屏溪的大橋,不是下淡水溪橋,就是高屏大橋。

下淡水溪橋,也就是現在的高屏溪舊鐵橋,它在上個世紀初,曾經風光一時。這座橋原是為了加速運送高雄港人員及軍事物資,以及輸出屏東平原的砂糖而開發的單線鐵道橋,全長 1526 公尺,大約 63.6 公尺建一座橋墩,總共建了 23 座橋墩,分隔成 24 個橋孔。興建時曾因為河面水流湍急,遭遇重重困難,在當時屬於工程技術困難的建物。建橋的鋼梁都由日本製造,經高雄港、基隆港運來組裝,由人力打造,歷時三年才完成。完工時,是當時台灣的第一長橋,因為遠觀如彩虹,而有東洋第一長橋的美名。不過這條橋使用到上個世紀末,已屬高齡老橋,為了安

全理由,於 1992 年正式退出橋梁界,不再作為主要交通道路使用。

高屏大橋是西部縱貫公路台 1 線的一部分,也是高雄與屏東往來的交通要道。全長有 1990 公尺,每天容納超過 6 萬車次的流量。在這條高屏大橋興建完成之前,還有一座舊高屏大橋,建於 1938 年,是兩線道大橋,橋上還鋪設有載運甘蔗的小火車鐵道,因為橋齡越來越大,基於安全考量,工程人員重新建造了一條新的高屏大橋。

跟我獵捕一樣,事前要做好多觀察。

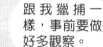

再去調查高屏溪上的其他橋梁吧!

1957 年台灣以下淡水橋的風景所印製的明信片。明信片上還有東洋第一鐵橋的日文,以及橫跨下淡水溪鐵路橋梁的英文字。

不過無論是下淡水溪橋或高屏大橋，它們都是橋墩多的橋梁。橋墩多，橋孔就密，在橫跨高屏溪的日子裡著實面臨很大的考驗。因為在沒有下豪大雨時，高屏溪看起來還算安全，但是若突然下起豪雨，溪水立刻高漲，又多又密的橋墩這時就變成溪水通過的最大阻礙，如果沒有適時維修改善或讓老橋退休，與台灣流向變化多端的溪水長期對抗的結果就是，橋墩基礎可能被溪水掏空而釀成悲劇。

小木馬日報

2000 年 8 月 27 日

高屏大橋不敵碧利斯颱風，橋墩遭溪水沖刷下陷！

記者／卜方企

高屏大橋因為橋墩過於老舊，禁不起碧利斯颱風過後的滾滾溪水沖刷，正中央的 22 號橋墩突然下陷，100 多公尺的橋面也跟著塌陷，造成 17 輛汽機車掉落高屏溪，22 人輕重傷的慘劇。

新聞圖照來源／聯合知識庫

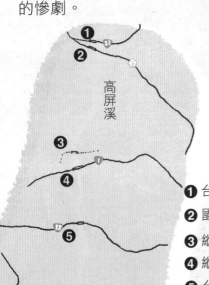

❶ 台 22 線上的里嶺大橋
❷ 國道 3 號上的高屏溪橋
❸ 縱貫鐵路線上的下淡水溪橋（高屏溪舊鐵橋）
❹ 縱貫公路台 1 線上的高屏大橋
❺ 台 88 線、縣道 188 號共線的萬大大橋
❻ 台 17 線上的雙園大橋

＊跨越河流的橋梁最重要的就是橋墩，橋墩要怎麼抵擋河流日以繼夜的沖擊呢？
＊找到前輩的報導！

15

高屏溪斜張橋是高速公路的一部分

國道 3 號又被稱為二高，是因為它是第二條西部貫通台灣南北的高速公路，正式的名稱是福爾摩沙高速公路。

國道 1 號是一條在 1970 年代規劃設計的高速公路，又稱為一高。當時台灣的經濟狀況並不富裕，全台小客車數量大約只有 5 萬輛，為了串聯台灣南來北往的交通，必須興建一條高速公路。不過早期工程人員對興建高速公路沒什麼經驗，設計理念只講求「實用」，如果碰到要興建橋梁跨越河道時，一定是先決定橋梁的位置，再決定道路的行經路線。因此完工後的一高造型非常簡單、樸實，如果有橋梁，橋墩必定是方方正正的，看起來非常剛硬。

過了二十年，台灣的小客車數量已經突破 450 萬輛，足足成長了 90 倍，一高經常塞爆，使得工程人員必須再興建另外一條高速公路，才能消化這麼多的車流量，國道 3 號就是在這樣的情況下被催生的。比起興建一高那時，這時候的技術更成熟，也具有高架橋的施工技術，還有各種造橋的工法可以選擇。

因此在高速公路系統的橋梁規劃上，選定了在南北各設計一座地標性的橋梁，可以展現台灣的橋梁工程技術，於是碧潭大橋和高屏溪橋雀屏中選。

近代公共建設的考量

☑實用　　　☑安全

☑省錢　　　☑顧及環境保護

☑保留自然地形　☑美觀

☑創新

☑具有地方人文特色

☑可以帶來觀光人潮

連接南北的高速公路一定會遇到河流，這時候就得興建橋梁了。

我只能說，人類沒有翅膀真不方便。

＊以前以為橋梁就是跨越河流或是馬路的設施，沒想到橋梁也是公路的一部分。

全亞洲最長非對稱單塔斜張橋

高屏溪橋全長 2617 公尺，分為斜張橋和引橋兩個部分。主橋斜張橋採不對稱的結構，主跨徑 330 公尺，邊跨徑 180 公尺，總跨徑為 510 公尺，建造完成時是台灣第一大跨徑橋梁，在全世界同樣型式橋梁中排名第二。

* 斜張橋主橋的部分為什麼不設計在橋的中央呢？為什麼要設計不對稱的橋呢？

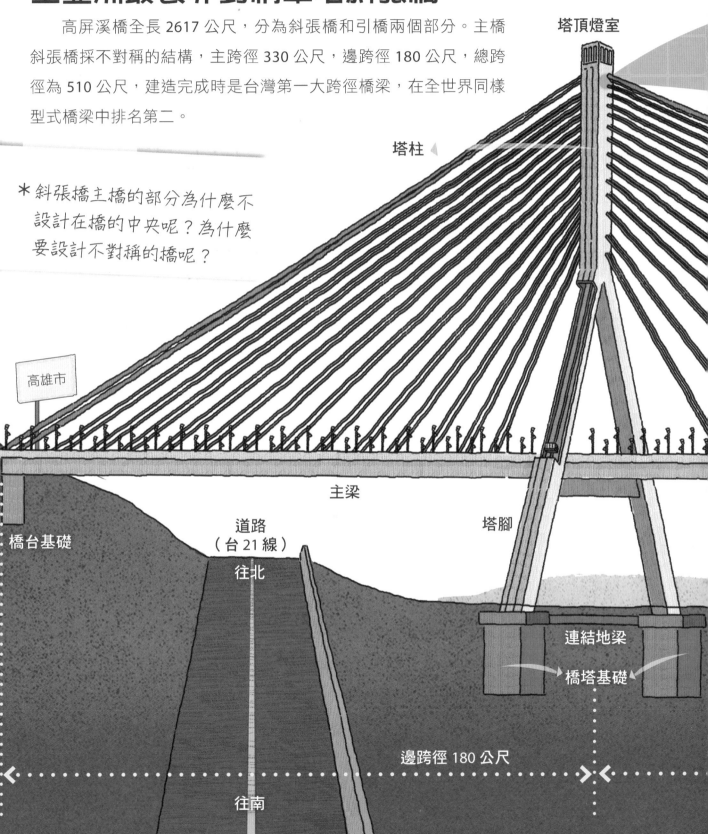

塔頂燈室

塔柱

高雄市

主梁

道路
（台 21 線）

往北

橋台基礎

塔腳

連結地梁

橋塔基礎

邊跨徑 180 公尺

往南

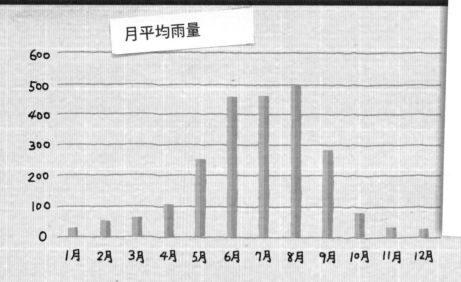

月平均雨量

＊一年中，雨水集中在夏季，冬季又缺水，每到颱風季，河水暴漲對橋梁來說真是非常大的考驗！

小木馬日報

「橋」好位置不容易！

記者／郝蕙茶

　　高雄這端的地勢變化多，是丘陵地帶，由西北向東南略為傾斜，高度從 120 公尺緩緩降到 60 公尺，越過高屏溪來到屏東縣九如鄉一帶，是一片平坦開闊的平原，高度約 49 公尺，也就是說，跨越高屏溪的橋梁，是一座坡度由西逐漸往東降低的橋梁。

　　考量地勢、水位，還要考量橋梁的重量不輕，必須尋找能承載整座橋梁重量的地盤，同時還要有一大塊空地，施工時可以把這裡當作「工地」，放置大型的機具。工程人員在高屏溪畔找了又找，最後找到在頗負勝名的佛光山道場北側附近，這裡高低落差有 60 公尺，往高屏溪方向望去，視野開闊，靠山的這一邊還有大片空地可以利用。

未來的高屏溪橋，必須選用最新的設計與工法，避免豪大雨時，橋墩被掏空的問題，以及風力過大所造成的各種問題。

在施工時，尤其是在施作橋墩時，要避開豐水期，免得施工困難。

高屏溪小檔案

名稱	高屏溪	舊稱下「淡水溪」
長度	171公里	台灣第二長河，相當於高雄到彰化的距離。
流域面積	約3258平方公里	台灣流域面積最大，是高屏地區的水源命脈。
氣候	乾、溼季分明	不是乾旱、就是暴雨。
枯水期	11月至隔年4月	高屏溪會縮減成小小的一條河道，水流平靜，因為缺水，河床缺乏植被，裸露在外，大風一吹便漫天風沙。
豐水期	5月至10月	西南季風盛行及常有颱風侵襲，全年80%的雨水量都是這個時期貢獻的。
平均年降雨量	約2454公釐	豐水期平均雨量約2039公釐，枯水期平均雨量為325公釐。

各年段重現期的洪水最大流量示意圖

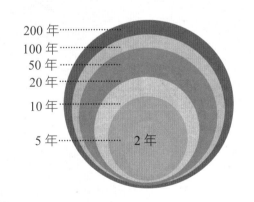

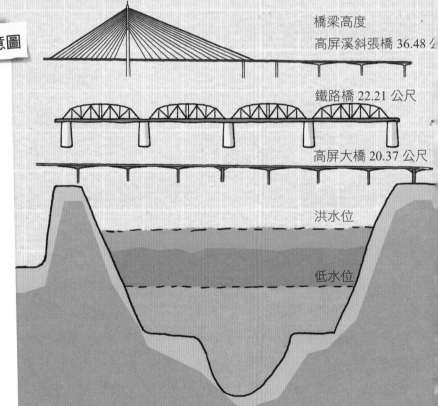

橋梁高度
高屏溪斜張橋 36.48 公尺

鐵路橋 22.21 公尺

高屏大橋 20.37 公尺

洪水位

低水位

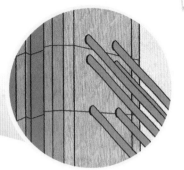

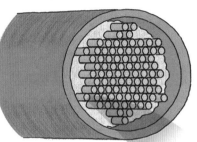

斜張鋼纜

鋼纜： 兩側各配置 14 組斜張鋼纜，外側的主鋼纜因為承受的拉力最大，兩側各 1 組，每組 2 對鋼纜，其他各組都是每組 1 對鋼纜。

鋼纜的直徑有 280 公釐和 225 公釐兩種，每根鋼纜的斷面直徑就有一顆籃球那麼大。

行水區： 在沒有豪大雨發生，高屏溪實際行水區約 200 － 300 公尺，兩邊的河床地則長達 1800 公尺。

主跨徑 330 公尺

跨徑：橋台與橋塔，橋塔與橋墩之間的距離

高屏溪斜張橋在哪裡？

　　跨越高屏溪的斜張橋在國道 3 號上，位於高雄市大樹區和屏東縣九如鄉之間，是高雄進入屏東境內最重要的門戶通道。

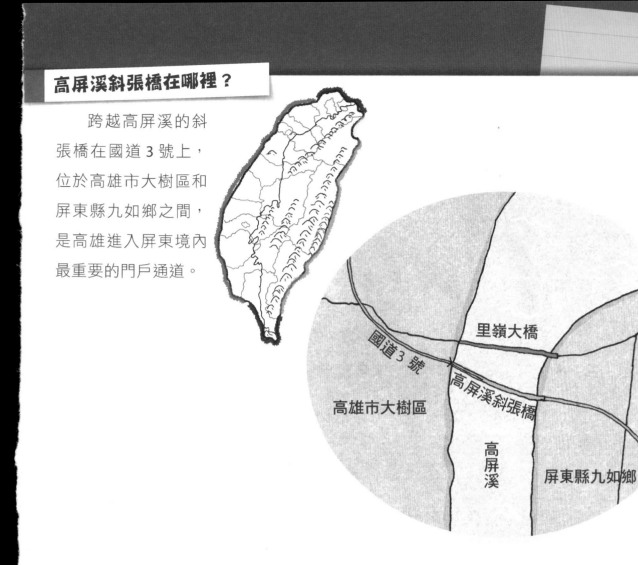

國道 3 號

里嶺大橋

高雄市大樹區

高屏溪斜張橋

高屏溪

屏東縣九如鄉

往屏東

引橋：長 2107 公尺，總共有 37 座橋墩，
主梁採用了懸臂工法和支撐先進工法來施工。

調查高屏溪環境，想像未來的樣子

要在高屏溪上興建橋梁，當然要先了解高屏溪的狀況。

全長 171 公里的高屏溪，橋梁設置的確切位置要考量很多：選定位置的溪水狀況是否穩定、溪水下的地質適不適合建橋墩、岩盤在地底下幾公尺處、平時風力如何、颱風來的時候溪水又是怎麼樣的狀態……

如果這座橋將要使用 100 年，就要預測未來的 100 年可能會碰到哪些狀況。當然誰都不可能精準的預知 100 年後的樣子，但是可以回推過去 30 年至 50 的樣貌去預測未來。如果過去曾吹過 12 級風，將來這座橋至少要能耐得住 12 級風，若是要讓這座橋更安全，設計時甚至可以讓橋梁耐得住 17 級風。

除了自然天候以外，還要考量人文環境，例如這裡的居民以什麼維生、車輛大約是多少輛、未來汽車的數量會不會大幅度成長等。如果這裡經常有大型的車輛經過，一次會有幾輛；每輛載滿貨物的大型車輛大約重多少公斤，這些都要「斤斤計較」，如此才能設計出未來要建什麼樣的橋梁。

高屏溪斜張橋要建在哪裡是怎麼決定的呢？

橋梁要建在溪水上當然要先研究溪水了。

為了挑選適合的地點，工程人員鑽孔探勘發現，這裡以石英砂岩或細砂岩為主，岩質堅硬，地質條件有利於橋梁施工，而且也可以承載橋梁的重量。

石英砂岩

高屏溪橋

沖積層

水上大橋就是要耐得住洪水

橋梁的設施是為了要跨越河流,所以橋梁的橋面多高也是工程人員需要斤斤計較的部分。在調查高屏溪之後,橋梁底部必須高於河川 200 年洪水位,為 33.7 公尺,再加 1.5 公尺以上的高度,因此高屏溪橋的橋面高度設定為 36.48 公尺,比起高屏溪上其他橋梁的防洪水位都高(高屏大橋是 20.37 公尺,鐵道橋是 22.21 公尺)。

工程人員如何了解高屏溪:
☑ 把過去 30 年至 50 年關於高屏溪的資料都找出來看。
☑ 到高屏溪實地觀測。
☑ 研究當地的地質、地形。
跟我跑新聞要做的功課是一樣的呢!

＊ 200 年洪水位並不是指建造後 200 年才會發生一次洪水,是指每一年發生洪水的機率為 $\frac{1}{200}$,洪水在未來發生的頻率不一定是 1 次,有可能發生 2 次、3 次,也可能不會發生……
糟了,算數學我最不行了!

高屏溪流經的範圍

200 年洪水位

在防洪的工程設計上,是以幾年發生一次的洪水量作為工程強度的標準,又叫做重現期,例如 100 年發生一次的洪水量會比 50 年發生一次的洪水量要大,那麼工程設計上 100 年重現期就會比 50 年的更強。

目前台灣主要河川的防洪工程,大多是以 100 年發生一次的洪水量為標準來設計的。

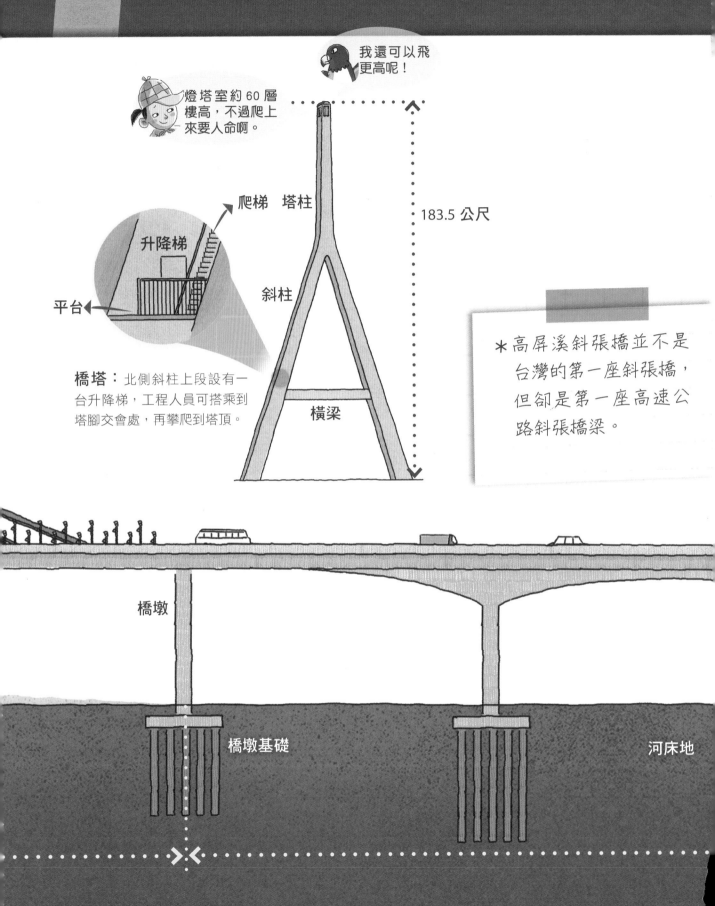

　　顧名思義，高速公路就是進入匝道後完全沒有交通燈號管制，可以讓行駛車輛維持較高的速度，縮短長距離路途的行駛時間。台灣目前一共有 9 條高速公路，以國道加數字來編號，南北向是單號，東西向是雙號，標誌是綠色梅花形狀加數字。

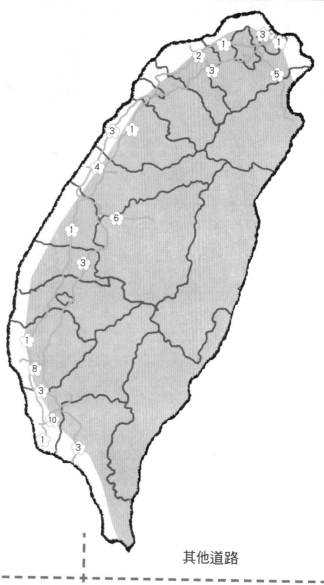

① 中山高速公路，又稱一高
② 機場支線
③ 福爾摩沙高速公路，又稱二高
④ 台中環線
⑤ 蔣渭水高速公路
⑥ 水沙連高速公路
⑦ 高雄港東側聯外高速公路（尚未通車）
⑧ 台灣環線
⑩ 高雄環線

高速公路和其他道路比一比

哪裡不同	高速公路	其他道路
行車時速	不能低於 60 公里	各路段不同，但一般不會超過 60 公里
行車車種限制	行人、腳踏車和機車不能上高速公路	依照各道路的標誌限制車種
行車路線	沒有其他道路交會，只有上下高速公路的交流道，沒有交通燈號管制，是封閉的道路	會和其他道路交會，具有交通燈號管制
行車車道	車道為 2 條以上，並且為單向	各路段不同，為雙向車道

設計哪一種橋梁，重點在橋墩

位置「喬」好了，溪水、地點也研究了，接下來的重點就是要蓋哪一種橋梁。

一根獨木也可以成為橋梁，因為梁（橋面）可以把重量傳導到兩邊的橋台上，所以獨木橋可以行人。只不過人走在獨木橋上，會感覺到不時的震動，走起來不是很平穩。以獨木當作梁，承載的重量有限，而且梁上的重量越重，梁變形也越嚴重，超過梁所能負荷的重量，獨木橋撐不住就會斷裂。

因此聰明的人類想出了解決辦法，就是在梁下加上橋墩，讓橋墩把梁上的重量傳到地底，梁變形也就沒這麼嚴重。如果這樣可以解決梁的變形，那橋墩數量應該要越多越好，可是橋墩越多，橋孔就越小，河水要通過的阻礙就越大，一旦下起大雨，河水暴漲，就可能漫過梁，反而更危險，而且造的橋墩越多，造橋的費用就越高，也不划算。

又有工程師找到解決辦法：靠著「拱」將重量傳導到兩邊橋台的拱橋，就能減少橋墩。可是工程師仔細計算和研究後發現，如果要造 1000 公尺跨距的拱橋，它的高度就必須達到 200 公尺，也就是大約是 60 幾層樓的高度，人車要在這麼高的拱橋上行走，大風一吹，一不小心掉到橋下，那就悲慘了。

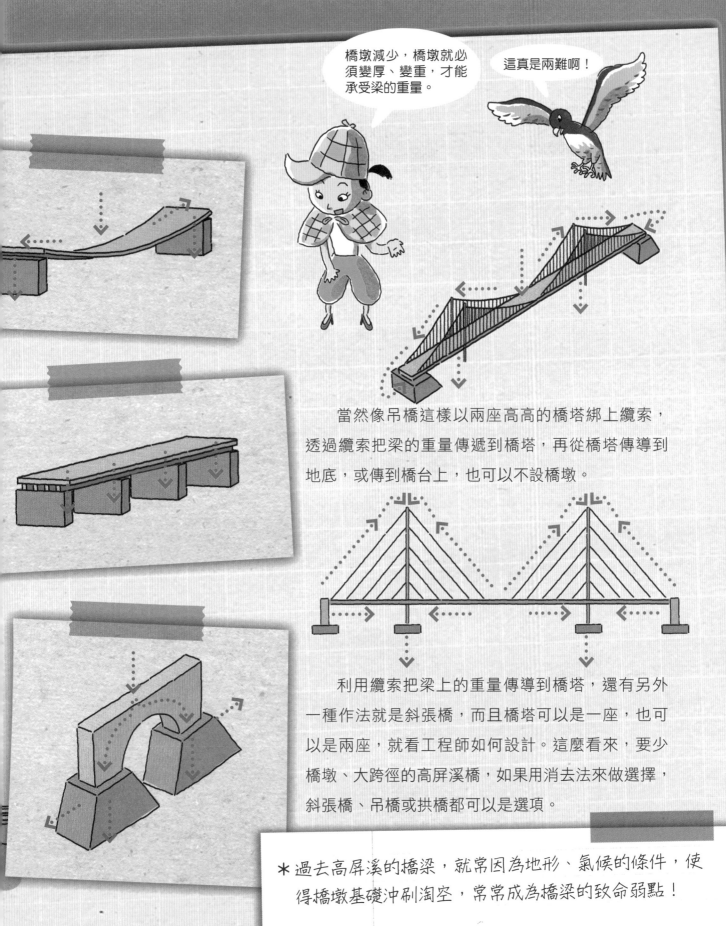

當然像吊橋這樣以兩座高高的橋塔綁上纜索，透過纜索把梁的重量傳遞到橋塔，再從橋塔傳導到地底，或傳到橋台上，也可以不設橋墩。

利用纜索把梁上的重量傳導到橋塔，還有另外一種作法就是斜張橋，而且橋塔可以是一座，也可以是兩座，就看工程師如何設計。這麼看來，要少橋墩、大跨徑的高屏溪橋，如果用消去法來做選擇，斜張橋、吊橋或拱橋都可以是選項。

＊過去高屏溪的橋梁，就常因為地形、氣候的條件，使得橋墩基礎沖刷淘空，常常成為橋梁的致命弱點！

斜張橋奪冠過程大公開

工程人員心目中理想的高屏溪橋的雛型慢慢成形：首先要配合高屏溪的特性，把橋墩數減少，並且要超過 300 公尺的大跨徑橋梁。此外高屏溪橋的橋面寬度配合國道 3 號設置，為雙向六線車道，除了車道外還有中央分隔帶、內外路肩、橋護欄，橋面寬度必須為 34.5 公尺。

要做為國道 3 號的門面擔當，不僅要能融入當地的景觀，造型還必須特殊，讓人過目不忘。工程技術必須是最先進的，保養費也必須減少，同時在施工的時候，盡量以機械化代替人力，並且利用科學方法，控制設計與工程品質，才能符合高屏溪橋的新氣象——只是條件開出來，國內卻找不到一家工程公司可以承攬。

台灣不是沒有造橋技術，在 1980 年代以前，建造吊橋、拱橋、鋼橋……都不是問題，只不過為了節省人力、物力，橋梁大多是能夠使用就好。後來在建造橋梁

* 此競圖為重新繪製的示意圖，並非當時各顧問公司提出的競圖。

塔高一點好，這樣我才可以居高臨下。

會選擇哪一座橋梁呢？

美國路易斯伯格集團提供的雙塔對稱雙面複合式斜張橋，跨徑約有 330 公尺。

這座同樣是來自美國的自錨式單塔斜張與懸吊複合式混凝土橋，跨徑可達 400 公尺。

的材質上會講究一些，例如台北市跨越淡水河的重陽大橋，就是用鋼梁來建橋，剛完工時看起來非常氣派，只是鋼橋容易腐蝕，過不久就要面對維修的問題。如果用建新橋汰換老橋的方式來改善橋梁問題，卻沒有提升技術，新建的橋梁使用不久，又要面臨汰換的命運。

為了尋找最佳的方案，工程人員後來公開條件，向 14 家國際知名的橋梁設計顧問公司徵求設計案，再從這些設計案中選出適合的方案。沒想到送來的 33 件設計中，竟然有 20 件為斜張橋，其他有 1 件是吊橋、4 件是拱橋、2 件鋼梁橋、3 件懸臂橋等，它們都是可以減少橋墩的橋梁設計。

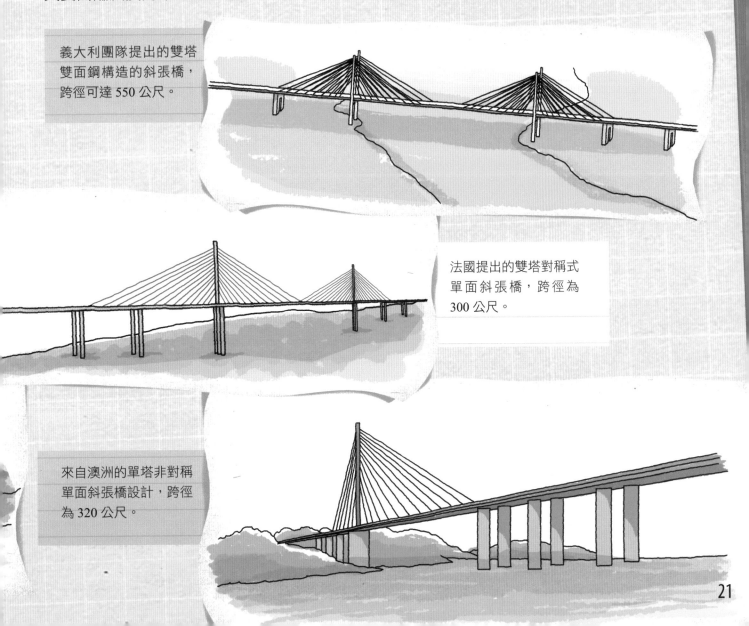

義大利團隊提出的雙塔雙面鋼構造的斜張橋，跨徑可達 550 公尺。

法國提出的雙塔對稱式單面斜張橋，跨徑為 300 公尺。

來自澳洲的單塔非對稱單面斜張橋設計，跨徑為 320 公尺。

斜張橋奪冠過程大公開 2

在這些顧問公司提出的設計圖中，來自奧地利的團隊提出了三種斜張橋，以及鋼肋拱橋共 4 張設計圖，其中的單塔雙跨非對稱單面複合式斜張橋很有特色，主跨 300 公尺加側跨 163 公尺，共 463 公尺的跨徑，工法上採取相當比例的機械工程，可以減少人力和費用；此外，橋型和地形搭配和諧，因此雀屏中選。

＊此圖為示意圖，非當時的競圖。

獲選

選中設計圖並不是照著建造即可，工程人員還需要根據實際地形、構造等進行調整，例如主跨徑因為考量溪流的寬度變化與沖刷的特性，決議增長為 330 公尺，同時得調整側跨徑為 180 公尺，因此橋塔的高度也從原來的 178 公尺，調整成 180 公尺，後來還需要增加塔頂的燈室，作為航空警示燈，最後高度為 183.5 公尺。

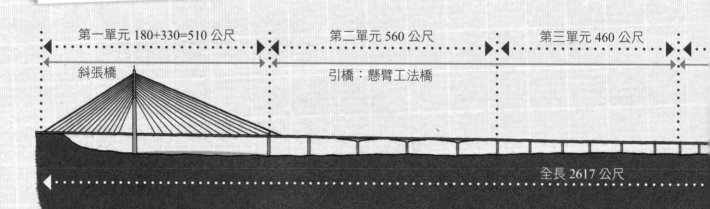

第一單元 180+330=510 公尺　　　第二單元 560 公尺　　　第三單元 460 公尺

斜張橋　　　　　　　　　引橋：懸臂工法橋

全長 2617 公尺

小木馬日報

高屏溪橋動土開工！

記者 / 卜方企

　　高屏溪斜張橋的設計經過工程人員針對環境及結構的計算後，最後為一座長 2617 公尺的大橋，包含一座主橋——斜張橋，以及五個引橋單元。今日高屏溪橋舉行動土開工典禮，預計工程期間為 1436 日曆天。

　　斜張橋造型優美，跨徑距離大，完工後將是全台灣首座複合式橋梁，也是亞洲最長的非對稱型單塔斜張橋。

＊日曆天就是所有的日期都算入其中，不扣除假日。等於每日趕工約 4 年就可完工！

第四單元
3.3 公尺
第五單元
344.2 公尺
第六單元
389.5 公尺

引橋：支撐先進工法橋

又找到一篇我的前輩卜方企的報導！

卜方企？不放棄！

不斷測試，確保安全無虞

台灣位於地震帶上，又經常有颱風吹襲，加上將要興建高屏溪斜張橋的溪邊空曠，就算不是強烈颱風，平常一陣強風就能捲起飛沙走石，而且高屏溪原本就是砂石產區，砂石豐富，品質良好，經常有滿載的砂石車來來去去，要在這裡建斜張橋，不只是計算跨徑，算出橋塔高度就能保證安全。

高屏溪橋在施工中會碰到各式各樣的問題，必須事前做很多測試和分析才能設計出完美的橋梁。

* 這些全都可以利用電腦模擬計算出來，太厲害了！

公共建設一定要非常小心啊。

好像在做一個超巨大的實驗！

風洞實驗

由於大跨徑的橋梁主梁長，需使用較輕且強度大的材質建造，具有柔軟度，因此會受到風力的影響較大。風洞實驗就是檢測風力對橋梁的影響及危害，以及對橋上車輛、行人所造成的不舒適感。

❷ 測試橋梁斷面形狀受到風力的穩定性。

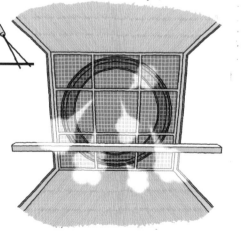

❶ 製作橋梁模型放入一個可以產生各種大小不同氣流的實驗室，這個產生風力的通道就叫做風洞。

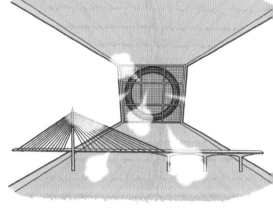

❸ 測試風速，以及風切、風渦流、亂流等對橋梁產生的影響。

橋梁結構分析

分析斜張橋承受載重時，可能會產生的變形，因此要分析橋梁材料本身所能承載的力量。

❶ 鋼床鈑或不同比例的混凝土是不是能承載橋的重量。

❷ 橋台的錨碇區，鋼纜是不是會斷，也就是鋼纜材質的強度夠不夠。

❸ 負責錨碇的地錨，拉力連桿會不會被拖出來，也就是錨碇強度夠不夠。

❹ 周遭土層是不是過軟，會造成橋梁塌陷。

小木馬日報

高屏溪斜張橋進行風洞實驗，將可承受 100 年內颱風侵襲！

記者／郝蕙茶

工程人員以美國國家氣候資料中心和香港皇家觀測中心所記錄的颱風紀錄，估算出台灣百年、甚至 500 年內颱風侵襲時的平均風速和最大風速，來進行風洞實驗。

我們的斜張橋就在全球第二大的風洞——丹麥海洋協會進行實驗。工程人員在縮小 150 倍的高屏溪橋模型的鋼纜與橋體上，放置了很多感測儀器，這些感測儀器與電腦連線，同步擷取風洞實驗室裡的風速、風向，以及橋梁震動的紀錄。在實驗中，即便以平均每百年內可能會發生的颱風平均風速，每秒 52 公尺對著吹，高屏溪橋模型的結構仍然完好，沒有受損，證明我們興建的高屏溪橋可以經得起考驗，符合安全需求。

新聞圖照來源／交通部高速公路局

橋要蓋得安全，基礎要打好

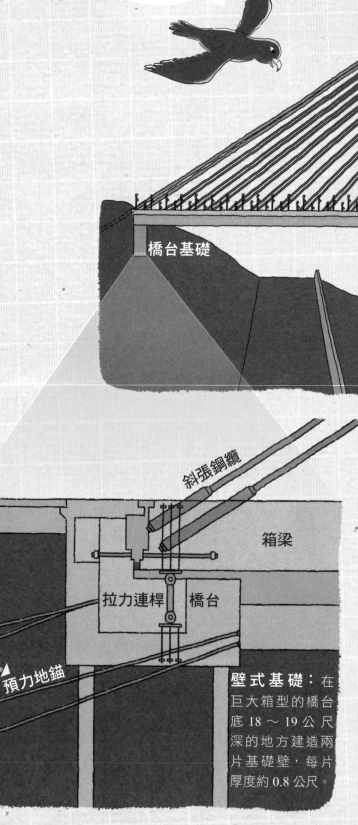

就像大樹要深入地底才能長得高一樣。

這麼長的橋梁要動工，除了整地、模擬安全分析及實驗之外，有兩個部分一定要打好基礎，那就是橋台和橋塔。

橋台在高雄這一端，是一座以混凝土建造的巨型箱體，下方有兩片基礎牆壁，用來乘載主橋傳來的重量，此外還有將鋼索牢牢打進橋台地層裡固定的地錨設施，這也是將主橋的重量傳遞到地層深處的設計，還能保持邊坡的穩定。

橋塔的地基是在兩邊塔腳下，建了「隔牆箱壁式基礎」，這些箱型基礎深入地底下 37 公尺的岩層，就像是替橋塔建了 12 層的地下室，當作橋塔的「基礎」，同時還加上橫向的地下繫梁，把每一根箱型基礎都牢牢的連結在一起。

我們在邊坡上常常看到打入岩石裡的釘子就是地錨。

橋台基礎

斜張鋼纜

箱梁

拉力連桿　橋台

預力地錨

預力地錨：地底下的橋台牆壁上打了 57 支的地錨，深入 40 ～ 50 公尺地底，將岩盤固定住。地錨是以鋼為材料，經過預力及防腐的處理，每根具有 100 噸的拉力。

壁式基礎：在巨大箱型的橋台底 18 ～ 19 公尺深的地方建造兩片基礎壁，每片厚度約 0.8 公尺。

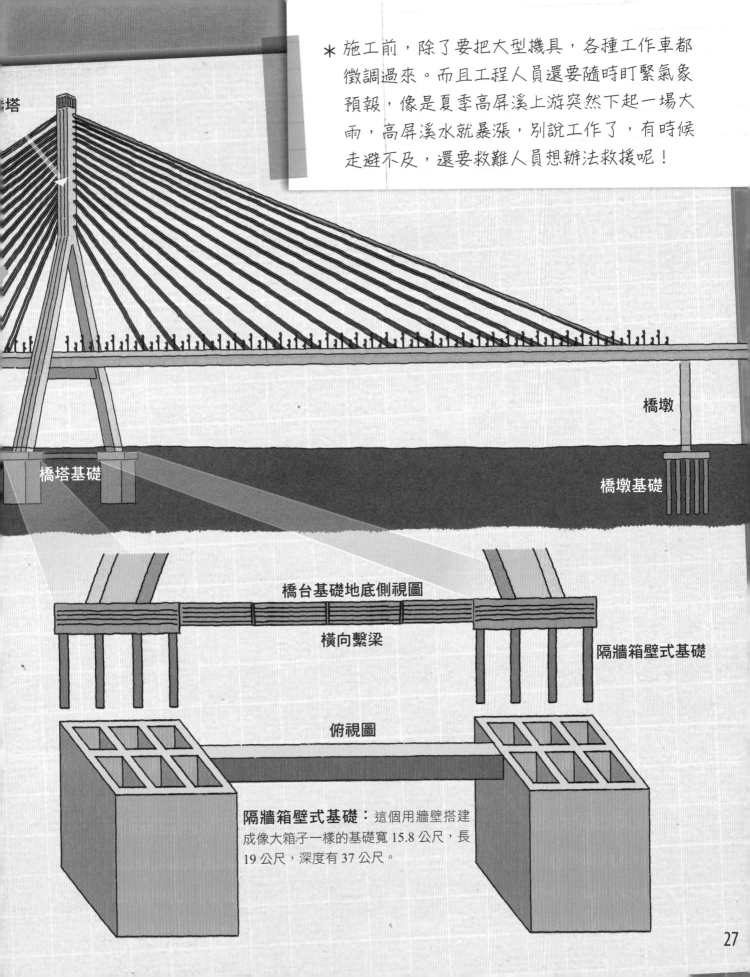

橋塔

＊ 施工前，除了要把大型機具，各種工作車都徵調過來。而且工程人員還要隨時盯緊氣象預報，像是夏季高屏溪上游突然下起一場大雨，高屏溪水就暴漲，別說工作了，有時候走避不及，還要救難人員想辦法救援呢！

橋墩

橋塔基礎

橋墩基礎

橋台基礎地底側視圖

橫向繫梁

隔牆箱壁式基礎

俯視圖

隔牆箱壁式基礎： 這個用牆壁搭建成像大箱子一樣的基礎寬 15.8 公尺，長 19 公尺，深度有 37 公尺。

機械怪手亮相

　　高屏溪斜張橋的施工採用很多的機械工程車，以及自動爬升模系統等自動機械工法，在施工期間能減少對環境的破壞，也能維持工作的效率，已經是現代工程十分常見的工法了。

哇，這是機器人吧。

要說怪手和吊車是機器人很可以喔！

反向起重臂

控制室
塔式吊車中間為控制室，有工程人員在裡面操作。

起重臂

滑架

平衡配重塊
以巨型混凝土塊確保平衡。

起重滑車

塔式吊車

　　橋塔中間的橫梁主要是用塔式吊車來完成，吊鋼筋和澆注混凝土的工程也需要塔式吊車，甚至工程人員在橋梁上下也靠吊車內的簡易升降機，當橋塔最高層完成時，塔式吊車竟然比塔還要高呢！

塔身

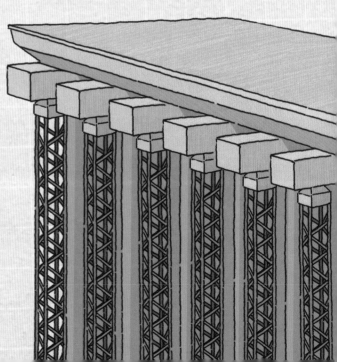

履帶式吊車

挖完土石後，要放入立起來有數層樓高的鋼筋籠，當然這樣的工作不是一般吊車就能應付的，工程人員使用 100 噸的履帶式吊車施吊，先將鋼筋籠吊到施放的位置後，再依序將上下兩截鋼筋籠搭接固定，隨後再灌漿。

這種吊車操作靈活，機身能迴轉，起重臂可以分節接長，在平坦堅實的道路上可以負重行走。

抓斗式挖掘機

主要挖掘橋台和橋塔基礎的土石。抓斗式挖掘機的抓齒是採用高硬度耐磨鋼材，可以精準抓取土石，還可以靈活閉合。不過就算抓斗式挖掘機很厲害，因為每個基礎都要挖得又深又大，挖掘機一次挖不完，得要分成好幾個單元挖，要完全挖完，也得要 8 ～ 12 個小時。

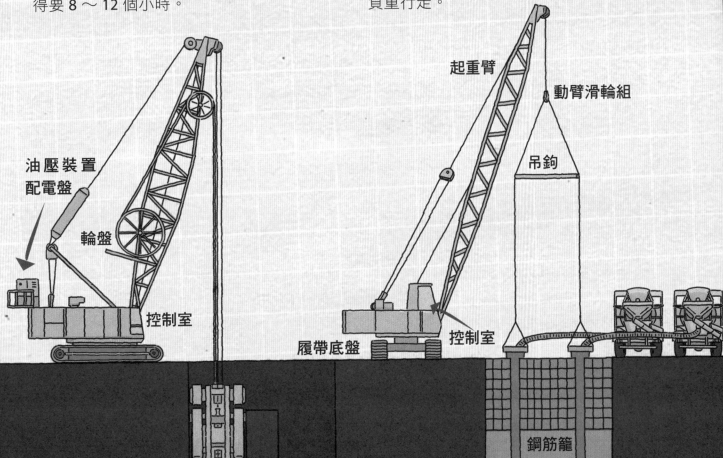

油壓裝置
配電盤

輪盤

控制室

抓斗

起重臂

動臂滑輪組

吊鉤

控制室

履帶底盤

鋼筋籠

高空工作的機械巨獸──爬升模平台

橋塔的基礎打好了，才能興建高達183.5 公尺，約 60 層樓高的橋塔。

橋塔就像個巨大的英文大寫字母 Y 倒過來放，Y 的腳就是塔柱，塔柱頂端還有一個燈室，長年發光，讓斜張橋地標更為明顯，還裝有避雷針，避免雷擊。

工程人員將橋塔（燈室除外）分為 42 層節塊──塔腳兩邊 26 層，塔柱 16 層，每一層節塊 4.2 公尺，這樣一層一層的，由下往上建築，這樣的建築方式是由一座爬升模平台系統配合施工完成的。

爬升模平台是一台「變形金剛」，具有可以活動的模板，由工程人員依照橋塔的外觀組合安裝，成為高 4.2 公尺的工作平台，平台內有軌道、油壓千斤頂、錨碇設備，可以進行鋼筋組立和混凝土澆注的作業。

等到一層節塊完成以後，原有的模板脫離，再往上爬升一層組模板，做完鋼筋組立和混凝土澆注作業。

我的天空……

以後人類說不定真的能蓋出通天塔了！

爬升模平台工作圖解──以塔柱兩側圖解說明

❶ 爬升模平台組立好後，澆注混凝土。

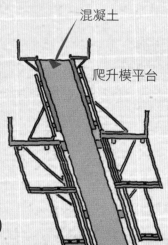

混凝土

爬升模平台

❷ 混凝土固化後，外模脫離。

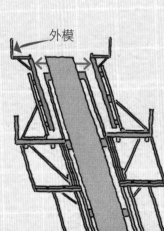

外模

❸ 外模爬升一層，並固定好位置。

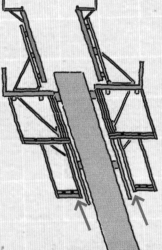

❹ 澆注混凝土，並重複往上施工。

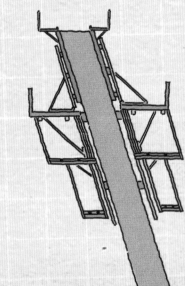

這樣依次進行傾斜爬升，再合而為一，繼續進行同樣的工作，完成橋塔的塔柱。塔柱要裝上 30 對錨碇裝置保護套管，鋼纜要在這裡套裝。

❺ 在兩根斜塔腳連接後，繼續往上施作塔柱。

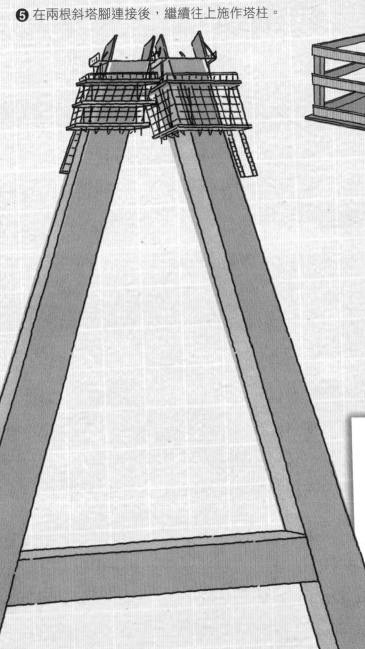

❻ 在塔柱中預先埋設鋼纜的保護管套。

保護管套

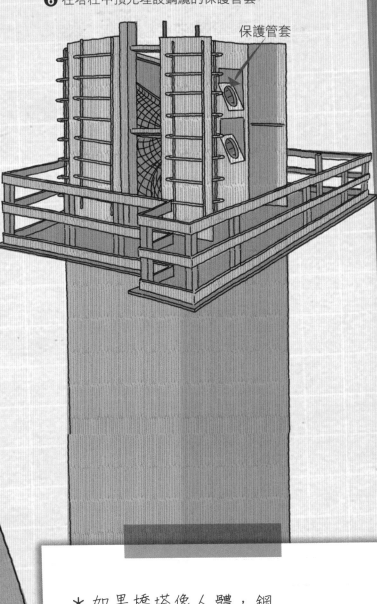

＊如果橋塔像人體，鋼筋組立就像替橋塔長出了骨頭，灌入混凝土就像讓空心橋塔長出肉。我真會比喻啊。

高空工作的機械巨獸──懸掛工作車和支撐先進工作車

斜張橋的主跨長 330 公尺、邊跨長 180 公尺，如果立起來，差不多是 110 層樓和 60 層樓的高度，因此也必須像橋塔一樣分段處理。

主梁懸掛及吊上工作車施工

在主跨這一端，把 330 公尺主梁分為 18 個節塊，每個節塊約為 20 公尺長，重 370 噸的巨大鋼梁並且要吊上橋面組裝，工程最困難的地方是要在「十層樓高」的空中進行焊接。

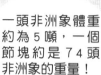

要吊到這麼高的地方焊接起來，連我都佩服！

一頭非洲象體重約為 5 噸，一個節塊約是 74 頭非洲象的重量！

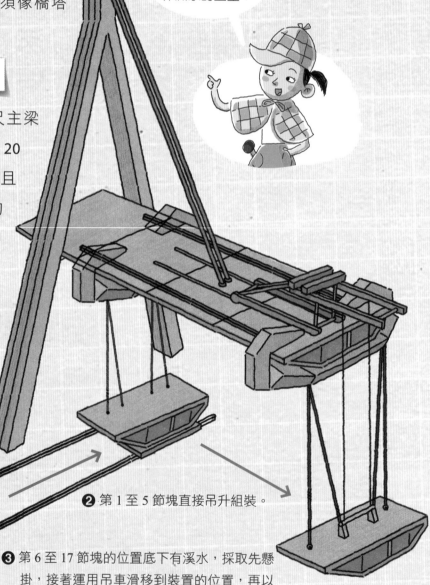

❶ 這些箱型鋼梁事先在鋼構廠製作，然後運到工地，在工地進行組裝。

❷ 第 1 至 5 節塊直接吊升組裝。

❸ 第 6 至 17 節塊的位置底下有溪水，採取先懸掛，接著運用吊車滑移到裝置的位置，再以懸掛工作車組裝，就可避免在水上施工。

邊跨主梁支撐先進工法

　　邊跨主梁是利用預力混凝土箱型梁拼組，總共 15 個節塊，以支撐先進工法配合臨時支撐架施工，就不會對橋下的台 21 線道路產生影響。而臨時支撐架到組裝完成後，就會被工程人員拆除，這樣完工後的斜張橋就見不到橋墩了。

❶ 利用塔式起重機搭建 7 座臨時的支撐架，在橋台和第 1 座臨時支撐間組裝支撐先進工作車。

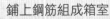

預力混凝土箱型梁　　　　節塊

施工方向

橋台

支撐先進
工作車

臨時支撐架

❷ 接著工作車往前推進，鋪上鋼筋、組成箱室、澆注混凝土，完成一個箱梁節塊。

鋪上鋼筋組成箱室

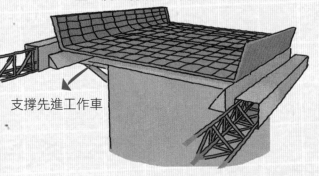

支撐先進工作車

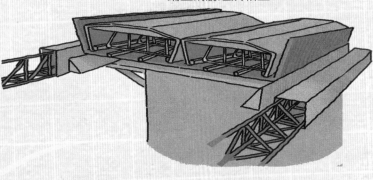

❸ 重複 2 的步驟往前推進，並埋入鋼纜套。15 個箱型塊拼組完成後再加上側翼板。

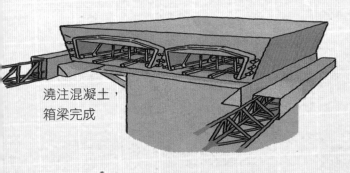

澆注混凝土，
箱梁完成

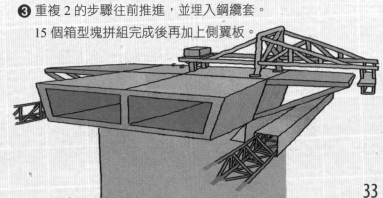

機械工程造引橋

高屏溪橋的引橋，高度從高雄往屏東方向慢慢遞減，橋面與河床的高度從 30 公尺（約 10 層樓的高度）逐步遞減為 8 公尺（約 2、3 層樓的高度）。

衔接主橋的這一端是河床地，雖然不必像主橋那樣為了讓行水區的溪水順利通過，把跨徑設計為超過 300 公尺的長度。不過當溪水大漲，漫過河床地時，橋墩也會受到溪水沖擊，因此橋墩與橋墩間也需要較大的跨徑。工程人員經過仔細計算，決定每 100～120 公尺的距離建造 1 座橋墩，共 5 座，再遞減為每 60～80 公尺的距離建造 1 座橋墩，共 6 座。

> 人類的技術真高超，完全用機器來蓋橋。

> 雖然我們不會飛，但我們會利用科技的幫助上天。

懸臂工法

❶ 按算好的跨徑建好橋墩以及墩頂的節塊。

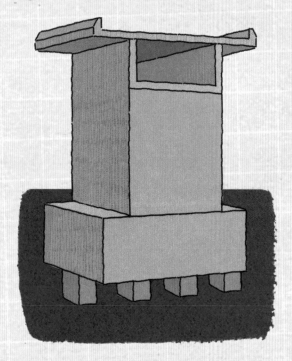

❷ 工作車先在地面上組合測試，再吊掛到橋墩上。

工作車

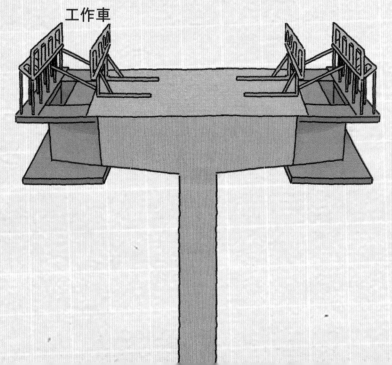

這 11 座橋墩的高度雖然慢慢遞減，但動輒十層樓、八層樓的高度，一陣大風吹來，可能造成還沒有建好，還不夠穩定的橋墩晃動，建造起來也不算簡單。因此工程人員決定選用懸臂工法，這個工法適合建造跨徑超過 60 公尺的高橋墩橋梁。

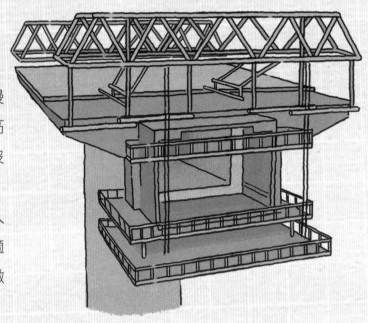

❸ 兩側的工作車開始工作，工作車將模板延伸出來，鑄好混凝土。

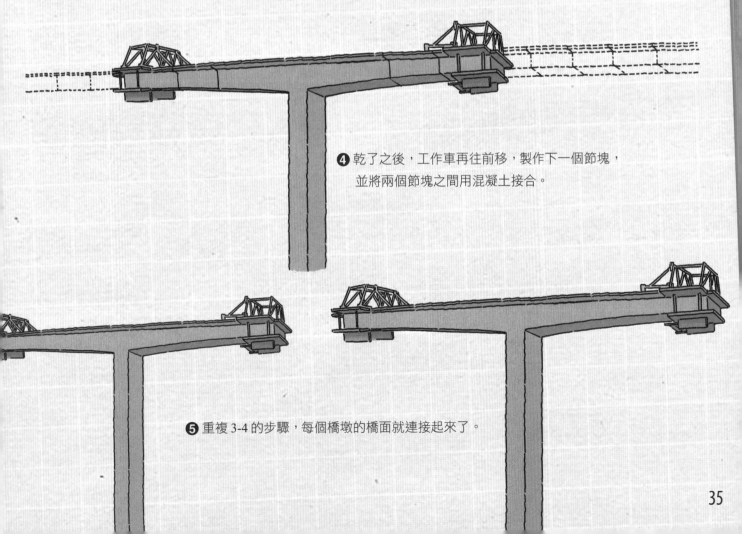

❹ 乾了之後，工作車再往前移，製作下一個節塊，並將兩個節塊之間用混凝土接合。

❺ 重複 3-4 的步驟，每個橋墩的橋面就連接起來了。

需要保養防晒的鋼纜

斜張橋的鋼纜具有把梁上的重量傳導到橋塔的重任，是斜張橋最明顯的特色。在主橋的設計中，兩側各配置 14 組斜張鋼纜，最外側的主鋼纜因為承受的拉力最大，由 4 根鋼纜組成，其他各組斜張鋼纜都是 2 根鋼纜。

鋼纜會受到風吹雨淋，需要做防鏽、防腐的處理，所以鋼纜外有一層紅色的保護套。而且不只是裝上保護套而已，保護套裡要填充微晶蠟灌漿材料。微晶蠟是一種精製的合成蠟，具有潤滑、防鏽、防腐的特性，灌入微晶蠟就像替鋼纜擦保養乳液，能時時潤滑以保護鋼纜，而且微晶蠟對於風力、地震、車輛載重所引起的橋梁震動，還具有減振功能。

鋼纜組裝

❶ 由於鋼纜很長，外套管短，需先將外套管熱熔接在一起。

這難道和我飛行一樣需要借力使力嗎？

❹ 再利用各種噸位的吊車和小型電動鏈滑車進行吊升和固定。

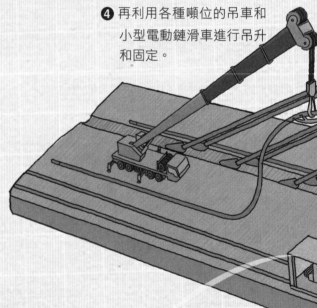

原來斜張橋是一邊組橋面一邊拉鋼纜。

❸ 將鋼纜放置橋面，把微晶蠟加熱融化成液體灌入鋼纜套中。

＊鋼索使用的長度總計 390 公里，差不多等於從基隆市到屏東縣九如鄉的距離！

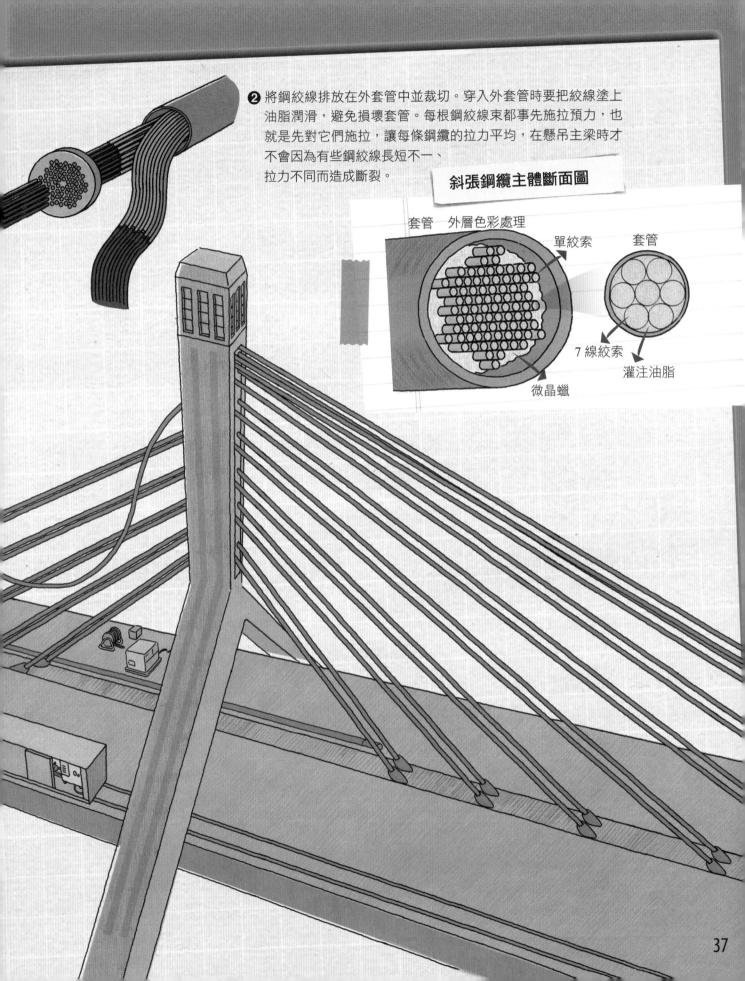

❷ 將鋼絞線排放在外套管中並裁切。穿入外套管時要把絞線塗上油脂潤滑，避免損壞套管。每根鋼絞線束都事先施拉預力，也就是先對它們施拉，讓每條鋼纜的拉力平均，在懸吊主梁時才不會因為有些鋼絞線長短不一、拉力不同而造成斷裂。

斜張鋼纜主體斷面圖

套管　外層色彩處理

單絞索

套管

7 線絞索

灌注油脂

微晶蠟

37

斜張橋完工！

　　裝上鋼纜後的主橋，看似就要完工，不過還差一步：鋪面。簡單來說，鋪面就是鋪在路面基礎上的材質。目前台灣公路多數採取瀝青混凝土作為鋪面，又稱為柔性鋪面，這種鋪面容易施工、花費較少、較容易維護，行車時也比較舒適。

　　高屏溪斜張橋和多數的公路不同，斜張橋的主梁是由鋼床鈑構成，鋪面就是指鋪在鋼床鈑上的材質。為了迎合較大橋面的變形，鋪面以兩層不同的瀝青混合物為材料，又稱為半剛性鋪面，比較穩定、使用壽命長，維護作業比較少，不過費用比較高。鋪面的好壞，會直接影響行駛車輛的行車速度、舒適、安全。如果鋪面平坦，行車自然舒適；鋪面材質使用年限長，車輛輪胎的磨損就比較小；排水好，車輛輪胎就不容易打滑失事。

　　橋梁終於建造完成，但還不能立刻通車。橋梁還須通過一些檢測，並安裝上各種監測儀器超過 250 個，長期監測橋塔的風速、風向變化，以及鋼筋混凝土、鋼纜是否變形，橋台是否受到周圍地形變化而改變位置……從這些資料得知高屏溪橋的「健康」狀態，因此這些監測資料也可以說是高屏溪橋的健檢報告。

監測設備安裝

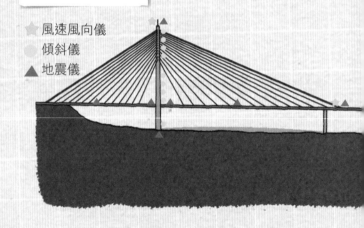

⭐ 風速風向儀
◯ 傾斜儀
▲ 地震儀

載重測試
許多台車輛停放在橋上，
斜張橋是否會受影響。

底層－黏性強，有彈性的
GUSS 瀝青混凝土

橋護欄

表層－改質瀝青混凝土

黏著層　　鋼床鈑

1999 年 7 月 17 日

小木馬日報

高屏溪橋施工 進度超前

記者／卜方企

南二高跨越高屏溪的大跨徑單塔非對稱式斜張橋，今日舉行合攏典禮。由於此橋的跨徑目前為全球第二、亞洲第一的斜張橋，因此橋梁完成後，可充分展現台灣工程技術水準，還能帶動南台灣的經濟活動，並成為南台灣的新地標。

高屏溪橋主橋橋塔高聳雄壯，在台灣興建的建築物高度排行榜中，名列前五名。主橋與引橋共使用 11 萬立方公尺的混凝土、42 萬噸的鋼筋與鋼鈑，2100 公里長的預力鋼索，龐大的數量，在台灣橋梁中難得一見。主橋橋塔基礎工程更是台灣首見，橋面鈑高於河床 50 公尺，主橋的箱型鋼梁全部在高空中電焊接合，見不到任何一支螺栓或鉚釘，工程人員焊接了 14 萬 8 千公尺。

本段工程於 1998 年 7 月 22 日進行第一個節塊吊裝，於今日舉行合攏典禮的同時，也是進行鋼梁最後節塊吊裝施工閉合，象徵最艱鉅的工程作業已經完成，而最難能可貴的是，本工程到目前為止，工程人員不僅克服許多艱難的工程問題，進度還屢屢超前，南二高通車指日可待。

圖片提供／達志圖庫

39

不一樣的斜張橋

記者／郝蕙茶

　　高屏溪斜張橋引進國外的新設計、新技術，讓台灣的造橋水準往前提升，往後工程人員開始自己設計大跨徑的斜張橋，建造高高的橋塔、長長的鋼纜、接合堅硬的鋼床鈑。如淡水的情人橋和鵬灣跨海大橋，無論是造型，還是工程技術，都是非常吸睛的斜張橋！

晚上的情人橋，上千盞燈具亮起，看起來比白天更美！

情人橋有白、藍、粉、綠四種燈光輪替上演燈光秀，更添浪漫氣氛。

圖片來源／達志影像

有燈光秀的斜張橋——淡水情人橋

　　位於出海口附近，淡水漁人碼頭也有一座單塔斜張橋，在 2003 年 2 月 14 日情人節當天正式啟用，因此名為情人橋。在粉白的情人橋上可以欣賞淡水夕陽，到了傍晚還有充滿夢幻色彩的燈光秀，啟用後就成為淡水著名的景點。

　　情人橋長約 164 公尺，橋寬平均約 5 公尺，橋塔為流線彎曲造型，橋塔高 49 公尺，加上 14 條鋼纜，能承載約 9000 人的重量。不過再美的橋如果沒有細心保養維護，也有它遲暮的一天，而且情人橋鄰近海邊，長年受海風侵襲，鋼纜鏽蝕機率比其他橋梁還高，因此為了維護情人橋的安全，工程人員曾對橋梁安全進行全面的檢測評估，在 2014 年 9 月，將情人橋鏽蝕的鋼纜汰舊換新。

鵬灣跨海大橋的造型為了融入當地的景觀印象，
橋塔設計為風帆造型。

圖片來源／達志影像

引橋　　活動橋　　　　　　　斜張橋　　　　　　　引橋

72.9 公尺

活動橋能開合的
橋面長達 37 公
尺，打開升起只
需 2 分鐘！

能開合的斜張橋──鵬灣跨海大橋

鵬灣跨海大橋位於大鵬灣海域的出海
口，其結構中有一座單塔雙跨的斜張橋，
橋塔高度 72.9 公尺，約 24 層樓高。由於
出海口附近的地質軟弱，部分水域受潮汐
影響，水勢變化很大，施工難度較高，在
這裡建造斜張橋塔是一項大挑戰。另外，
因為橋梁臨近海邊，工程人員特別採用能
抗鹽性的混凝土，同時鋼筋則先塗上一層
防海水腐蝕的環氧樹脂來造橋。鋼纜和鋼
纜套管內所填注的漿材，也特別加了防蝕
處理。

這裡南風徐徐，是南台灣的帆船基
地，常有帆船、獨木舟、快艇等玩家在這
裡聚會，偶爾有高桅帆船經過。為了讓船
身較高的帆船通過，鵬灣跨海大橋最特殊
的就是設計了能開啟橋面的活動橋，這是
台灣第一座、也是唯一的開啟式活動橋。

斜張橋鬧雙胞？

記者／郝蕙茶

位於南投縣國道六號愛蘭交流道的南港溪脊背橋，利用 36 條鋼索，將 300 公尺的橋面，透過兩組橋塔托起，遠看有如兩座小小的金字塔。主跨為大跨徑 140 公尺，兩側跨各 80 公尺。橋塔高 20.25 公尺，比起高屏溪斜張橋迷你了許多。

橋塔、鋼纜、大跨距，不就是斜張橋最明顯的特徵，所以南港溪橋是雙塔斜張橋嗎？答案是否定的，脊背橋只是外型近似於斜張橋，但它並不是斜張橋，有人稱它為部分斜張橋、低塔斜張橋，是介於斜張橋和一般常見混凝土橋之間的折衷橋梁。

南港溪脊背橋設計圖

側跨徑 80 公尺　　　主跨徑 140 公尺　　　側跨徑 80 公尺

圖片來源／交通部高速公路局

脊背橋的造型看起來就像恐龍的脊背，難怪此種橋如此命名！

斜張橋和脊背橋，哪裡不一樣？

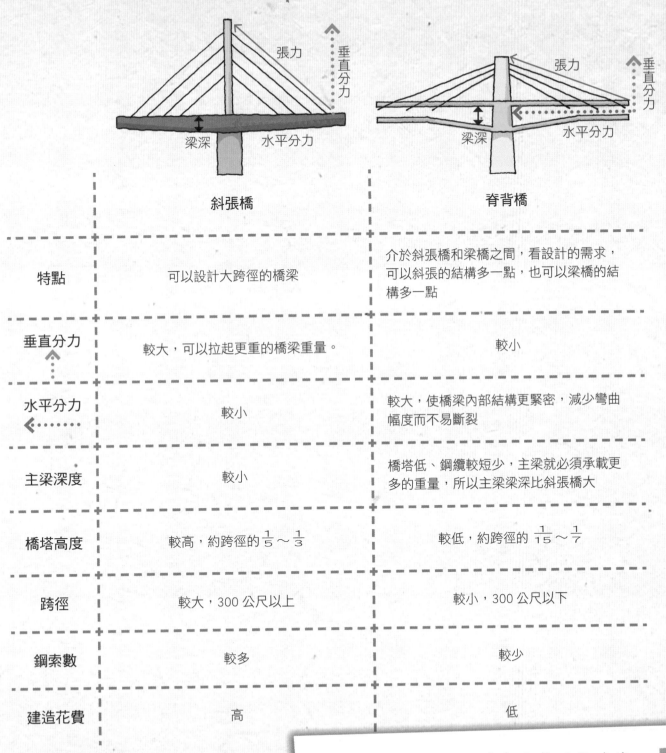

	斜張橋	脊背橋
特點	可以設計大跨徑的橋梁	介於斜張橋和梁橋之間，看設計的需求，可以斜張的結構多一點，也可以梁橋的結構多一點
垂直分力	較大，可以拉起更重的橋梁重量。	較小
水平分力	較小	較大，使橋梁內部結構更緊密，減少彎曲幅度而不易斷裂
主梁深度	較小	橋塔低、鋼纜較短少，主梁就必須承載更多的重量，所以主梁梁深比斜張橋大
橋塔高度	較高，約跨徑的 $\frac{1}{5} \sim \frac{1}{3}$	較低，約跨徑的 $\frac{1}{15} \sim \frac{1}{7}$
跨徑	較大，300 公尺以上	較小，300 公尺以下
鋼索數	較多	較少
建造花費	高	低

＊看這個表我就知道為什麼現代跨越大河的橋梁，很多都是斜張橋了。

與高屏溪斜張橋齊名的碧潭大橋

記者／郝蕙茶

在國道 3 號和高屏溪斜張橋齊名的北二高碧潭大橋，跨越新店溪，是台灣第一座預力混凝土拱橋，在 1990 年 9 月 20 日開始施工，1997 年 8 月通車。三跨連續立體的弧形，是這座拱橋最有特色的地方。

為了要讓北二高碧潭大橋承受橋上的載重，工程人員在設計時，就決定採用混凝土等較為堅硬、抗壓的建築材料。但是考量到混凝土缺乏對抗拉伸的張力，日子一久，拱橋可能會變形、產生斷裂等現象，影響橋梁的安全性。因此在灌注混凝土前，先把鋼腱拉伸一番，碧潭大橋就可以同時具有抗壓和抗拉的特性。

北二高碧潭大橋的建造過程也像高屏溪斜張橋一樣，設計與施工方式極為複雜，都是台灣首見，在當時對整個工程團隊而言，是極大的挑戰，難度不下於高屏溪斜張橋。

圖片來源／達志影像

圖片中位於新店溪上，三座橋梁由遠到近分別為碧潭橋、北二高碧潭大橋和碧潭吊橋。

我也是在空中進行獵捕的工作，這辛苦我懂！

預鑄節塊式懸臂工法

北二高碧潭大橋全長約 800 公尺，拱高 20 公尺，尤其跨新店溪一段，跨徑長 160 公尺，水流不穩定，即使立臨時支撐，也不夠安全。因此工程人員得預先做好箱型梁節塊，然後運到工地現場後，再以工作車懸吊支撐，每節塊 3 公尺，從兩側往中間組裝，最後在中央合攏。

1

2

預力混凝土如何有力量？

混凝土是由凝膠材料、砂石和水依照適當比例混合，經過一定時間後會硬化的複合材料。

❶ 混凝土特性：
能對抗較高壓力　　　　缺乏對抗拉力的強度

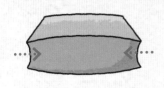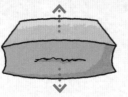

❷ 混凝土承受上方載重時，缺乏張力而下垂變形，下方受拉力不足甚至容易斷裂。

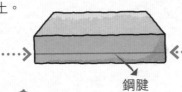

❸ 混凝土加入先受拉力拉伸的鋼腱，成為預力混凝土。

鋼腱

❹ 預力混凝土具有抗壓和抗拉的特性，可以從側邊擠壓。

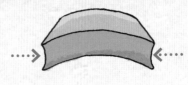

❺ 擠壓後的預力混凝土，可以抵抗載重導致的下垂變形。

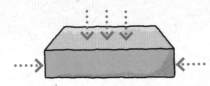

拱橋如何站得穩？

拱橋將原本由主梁承受載重的方式，轉換成主梁及拱肋共同承擔，拱肋將橋的重量和橋上人車的載重，沿著拱線走向傳遞到兩端。

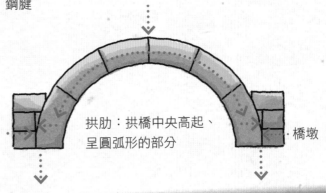

拱肋：拱橋中央高起、呈圓弧形的部分

橋墩

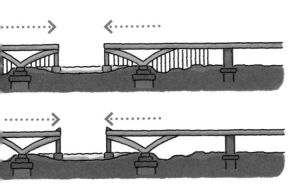

❸

❹

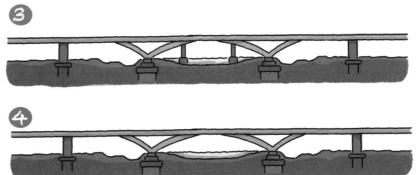

除了斜張橋，台灣還有……

記者／郝蕙茶

圖片來源／達志影像

高鐵從台北到左營全長345公里，其中高架橋梁總計244公里，彰化、高雄高架橋如巨龍般盤據在台灣西南部，長度就占了超過一半。

世界第二長的高架橋

隨著高屏溪橋完工，以及它所引進的新觀念、新工法，使台灣的造橋技術往前大大邁進。目前台灣有長度高居世界第二長的高架橋（台灣高鐵彰化－高雄）段，全長約157公里。這座高架橋主要工法和高屏溪橋類似，是先預鑄好箱型梁再運到現場吊裝而成。

從彰化到高雄這一段總共分成6個團隊分別建造，分段工程完成後再個別合攏，不僅分工精細，工程品質也更精密細緻。這座高架橋是為高鐵系統特別設計

的，因此特別加強結構耐震設計，可以承受相當於七級地震的震度。

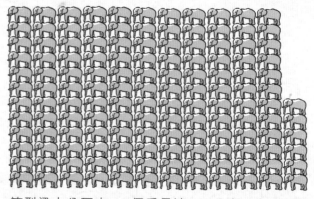

箱型梁十分巨大，1個重量達690公噸，和138頭非洲大象一樣重。鑄造時需要用50公噸鋼筋、約2000包水泥。

最長跨海大橋會是誰？

在彰化－高雄高架橋完工前，台灣最長的橋是澎湖跨海大橋，是澎湖的白沙、西嶼兩島之間的唯一聯絡通道。在 1970 年代完工通車，全長 2159 公尺，寬 5.1 公尺，曾經是亞洲東部地區第一長橋。但因為一開始只有單向，會車不易，同時所在位置海流湍急，潮汐變化迅速，加上東北季風吹襲，使得澎湖跨海大橋腐蝕嚴重，後來只好改建，並增為雙線車道，全長也增加到 2494 公尺，於 1996 年 3 月完工通車。

跨海大橋在海上施工，必須面對季風、波浪、海流、潮汐及颱風等因素干擾，鋼筋及混凝土等主要材料都必須靠船舶運送，在海中打基椿更是不易，完工後的防蝕保護，更具有難度。不過澎湖跨海大橋為台灣最長的跨海大橋的地位，在連接大金門與小金門的金門大橋完工後，將要讓位。

圖片來源／維基百科

沒想到我常常飛來休息的水泥柱，是跨海大橋的舊橋呢！

此圖為金門大橋的模擬圖，這座脊背橋全長 5400 公尺，因為所在地質為堅硬的花崗片麻岩，設計和施工都相當困難。高粱穗心的橋塔，外型優美，相當吸睛。

圖片來源／交通部高速公路局

斜張橋演變過程1：設計點子從哪來？

記者／郝蕙茶

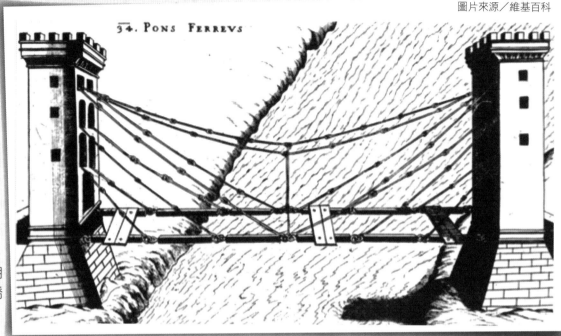

圖片來源／維基百科

浮士德‧威朗茲歐手繪的橋梁設計圖。

斜張橋的構想萌芽

斜張橋設計圖的出現是在 1595 年以及 1616 年，一位義大利的鬼才發明家浮士德‧威朗茲歐的著作裡。他在《新式機器》書中畫了 56 種不同的機器、裝置和技術概念，其中有一幅設計圖中的橋梁就類似今日的斜張橋。威朗茲歐當時想到可以從兩座橋塔中，利用斜拉鏈條來輔助支撐橋梁。不過以當時的技術水準來說，這個創意實在太「先進」，根本就造不出來，要遲至 200 年後，「類」斜張橋才終於有人把它造出來。

出現類斜張橋──國王的草地橋

19 世紀所建的類斜張橋，還沒有找到適合的材料和計算橋塔高度與跨徑的方法，建造斜張橋的技術還在萌芽階段，一切都在摸索中。1817 年，英國北方的蘇格蘭地區，建成一座跨越特威德河的橋，這座名為國王的草地橋，跨徑 33.5 公尺（另外有一說是 16.5 公尺），橋柱和橋面板採用鐵材，以直徑 7.6 公厘的鐵絲拉索，與橋柱和橋面板共同承載橋的重量。

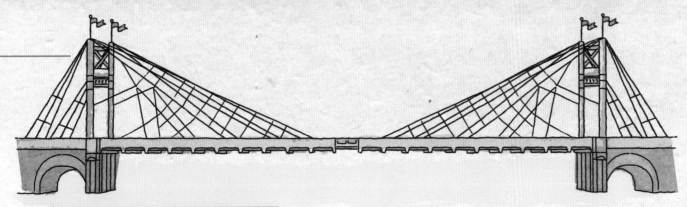

能開合的斜張橋──薩勒橋

差不多同時間，德國東北方的寧堡鎮出現了一座薩勒橋，這座類斜張橋以純鐵鏈杆作為拉索，橋中央還有開啟的機械裝置，可以短暫開啟讓船隻通過。1825 年 12 月 6 日，這座跨徑 80 公尺的薩勒橋，終於完工通車，大家紛紛擠到橋上看熱鬧，人車雜沓，橋面振動，人數超過薩勒橋能負荷的載重，大橋突然間垮掉，造成 55 人溺斃或掉到水裡凍死，一樁喜事硬生生變成了喪事。

已經 150 歲的橋，比我爺爺的爺爺的爺爺年紀還大。

像懸索橋的加文納橋

19 世紀中後期，類斜張橋慢慢演變成真正的斜張橋。像是 1869 年建成，在新加坡的加文納橋，最初叫愛丁堡橋，主跨 60.96 公尺，不過這座橋還不能稱為真正的斜張橋，它更像是懸索橋，剛完工時，可供人力車和牛車在上面通行。隨著附近交通越來越繁忙，懸索支撐已不堪負荷，於是改為承載較少的人行橋，直至今日還在使用。

圖片來源／維基百科

斜張橋演變過程 II：
從倍力橋到斜張橋

記者 / 郝蕙茶

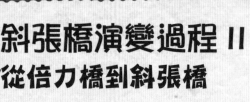

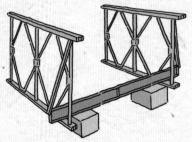

搭一座倍力橋

❸ 再組裝的另一個支撐框架，固定在橫梁與前端框架上。

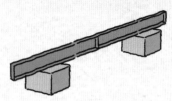

❷ 裝上先組好的支撐框架，並以斜桿支架上下固定。

❶ 先放一根橫梁。

倍力橋組裝的桁架都是統一規格，想搭多長都能靈活變化！

❹ 回到步驟 1，再放一根橫梁，依此類推組裝。

源自倍力橋的建造概念

　　類斜張橋演進到真正斜張橋的關鍵，是二次世界大戰的倍力橋。大戰期間，當軍隊遇到河流不能順利前進時，就派工兵先搭建臨時渡河設施。這套設施就像巨型積木，工兵只需要將每塊 30 公尺長的鋼桁架迅速組合，就能變出一座桁架橋。

　　組裝拆卸桁架橋的祕密就是利用橫向和縱向桁架（梁和柱），將承載的力轉移到橋兩端的支點上，即使是空心的結構，足以穩固到讓軍隊通過，等軍隊全部通過

後，再一節節卸下繼續隨軍隊運送行進。這是英國工程師唐納・倍力發明的便橋工法，倍力橋也因此得名。

　　將承載的力轉移到支撐，將梁或柱子組裝起來，用桁架拼出空心箱型梁，離開時再卸下桁架……這樣的工法，是不是似曾相似？原來斜張橋的建造工法，如拼接空心箱型梁、組裝鋼鈑、鋼腱等部分就是源自於倍力橋。

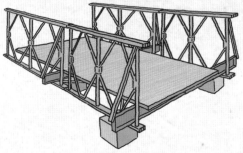

❺ 組裝底部支架。

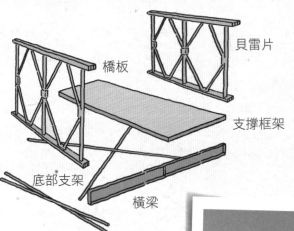

❻ 橋身完成後，最後裝上橋板，就完成了！

貝雷片

橋板

支撐框架

底部支架

橫梁

第一座斜張橋誕生

　　二次世界大戰後的歐洲，由於物資極度缺乏，許多國家為了節省經費，興建橋梁時自然又想到了倍力橋。不過倍力橋只是臨時的便橋，這時候興建的橋梁除了材料取得必須經濟實惠，更希望能兼顧安全耐用，斜張橋的設計因此應運而生。

　　第一座真正的斜張橋是位於瑞典的斯特倫松德橋，由德國工程師迪辛格設計，1956 年完工通車。這座橋的主跨 182.6 公尺，兩邊側跨各為 75 公尺，兩邊對稱的橋柱高 28 公尺，每邊橋柱都有兩組（每組 4 根）斜張的鋼纜吊起主梁。以現在的眼光看來，也許不覺得斯特倫松德橋有多麼雄偉，但在當時這樣的橋梁結構卻是創舉。

有了斯特倫松德橋，人們到對岸只有 332 公尺的距離，再也不用長途駕車繞 5 公里或者搭乘渡輪才能到對岸了。

圖片來源／維基百科

最長橋梁比什麼？

記者／郝蕙茶

俄羅斯島大橋是2012年建成的跨海大橋，曾經因為造橋經費過高，成為國際上的熱門話題。

圖片來源／達志圖庫

最長跨徑的斜張橋：俄羅斯島大橋

誰是世界第一長的橋梁？很難有標準答案，因為每一種橋梁的設計和工法都不一樣，基本條件都不相同。以斜張橋來說，橋塔高度、跨徑長度影響設計和施工難度，要檢視一座斜張橋能不能登上世界第一的寶座，首先就是看跨徑長度。

目前世界上最長跨徑的斜張橋，是俄羅斯的俄羅斯島大橋，擁有 1104 公尺的主跨徑，雙橋塔高 321 公尺（約 107 層樓高），這兩座橋塔高度目前為全球第二高。

俄羅斯島大橋位於俄羅斯邊境，所在地點的氣候條件非常嚴酷，鋼纜為了對抗紫外線和極端氣候，外有一層套管保護。橋下的行水區深達 50 公尺，光是要把材料運送過來就大費周章。

橋塔建築方式和高屏溪斜張橋類似，都是以爬升模平台一節節往上建築，斜張鋼索在 197.5 公尺（約 66 層樓高）高處安裝。主梁的預力箱型梁以工作船運送到工地現場，再用起重機吊到 76 公尺（約 25 層樓）的高度，在高空中完成連接的工作。

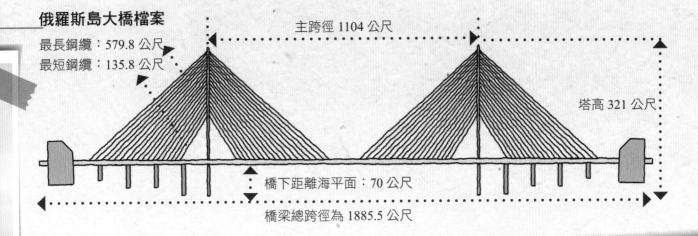

俄羅斯島大橋檔案

最長鋼纜：579.8 公尺
最短鋼纜：135.8 公尺

主跨徑 1104 公尺

塔高 321 公尺

橋下距離海平面：70 公尺

橋梁總跨徑為 1885.5 公尺

最長的橋梁還有……

用一座橋把世界五大洋連接起來如何？

世界最長的高架橋

真正拚長度的橋界代表，則是以為了減少土壤沉降問題，以及節約土地而興建的高架橋。目前中國的丹昆特大橋，全長 164.851 公里，它也是目前全世界最長的鐵路橋。

圖片來源／達志影像

世界最長的跨海大橋

跨海大橋除了拚長度，還要注意海上進行施工作業會碰到的各種問題。目前最長的跨海大橋是港珠澳跨海大橋，全長 49.968 公里，海面路段長達 42 公里。

圖片來源／維基百科

世界最高的橋梁霸主

記者／郝蕙茶

米約高架橋的橋面平均高度為 270 公尺，約 90 層樓高，當雲霧繚繞在橋墩四周，整座橋如同飄浮在半空中。

圖片來源／達志影像

雲海之上的斜張橋：米約高架橋

目前穩坐世界最高的斜張橋橋塔寶座，是法國南部的米約高架橋，橋塔高達 343 公尺，從 2001 年開始動工至 2004 年，歷時 3 年完工。它的鋼製橋面長達 2460 公尺，由 7 座高聳的橋墩共同承擔，但這些橋墩所在的恩塔河，地勢較低，又是以黏性土為主的不良地質，工程人員必須克服困難，避開這些地段，同時因為兩端高度不同，因此橋梁是一座帶有弧度的高架橋。154 根鋼纜就在 7 座橋塔上斜斜的張開，拉起數萬噸的重量。

這麼長的橋面，橋塔必定要承受很大的力，但設計師在設計橋塔時，卻把橋塔設計成細細長長的形狀，由底部到頂端逐漸縮減成梯形，總共由 16 個段落組成，都是在預鑄場製作好，再運送到現場安裝。雖然看起來細長卻穩定，工程人員為了確保米約高架橋的安全性，做了 3 年的風洞實驗，而且在建造時，還透過衛星定位系統來監控施工的準確度。

米約高架橋的 2 號橋塔（橋墩加上橋柱）高達 343 公尺，約 114 層樓的 高度，比艾菲爾鐵塔還要高呢！

恩塔河

最高鋼拱橋：雪梨港灣大橋

在南半球最著名的雪梨港灣大橋，是世界上最高的鋼拱橋，最高處有 139 公尺，它也是世界上最寬的長距橋梁，路面寬度 49 公尺，有 8 條車道，2 條鐵路，1 條人行與自行車道。從開始計畫興建到完工，前後一共花了一百多年。這座大橋整個工程的全部用鋼量為 5.28 萬噸，鉚釘數是 600 萬個。1930 年代，能在海上凌空架橋，是非常罕見的一項工程，直到今日仍是雪梨最著名的地標之一。

這座橋有攀爬的體驗活動，可以和我一樣俯瞰雪梨的美景喔！

雪梨港灣大橋的鋼骨結構，在當地人眼中像是懸在海灣上的曬衣架，因此有「衣架」的暱稱。

圖片來源／維基百科

橋梁上的祕密

斜張橋因為能設計大跨徑，所以多作為橫跨大河的橋梁。我們更常見的是城市道路系統中跨越其他道路的高架橋，或是跨越城市中的河流、溝渠的梁橋。我們可能常常經過它，但卻沒發現橋梁上有一些特殊設計呢！

我看過超多橋梁，橋梁的祕密我一定知道。

讓我來考考你對橋梁有多了解。

橋梁的構成

橋梁主要由主梁、橋墩、橋台、基礎和支承系統等結構構件組成。除了要確保橋梁荷重的安全性，橋梁上還有一些設計對於維護橋梁能長久使用也非常重要。

伸縮縫： 主梁上或主梁與橋台之間所設的縫隙，作為橋面受震動左右搖晃，以及溫度變化熱脹冷縮時的預留空間，避免橋面變形。常見有長條形和鋸齒狀。

排水設施： 橋面要預防積水，以免滲水侵蝕橋梁。要設置排水溝和排水管，迅速將橋面的水排出。

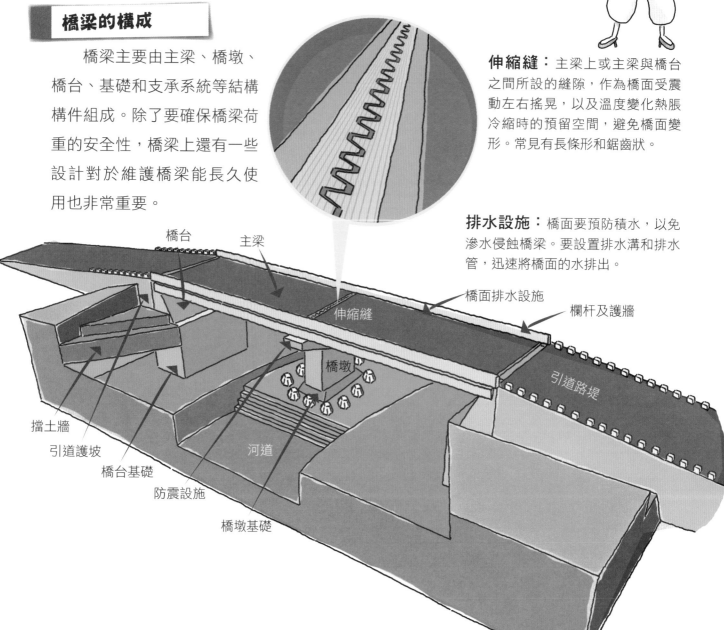

橋台　　主梁

伸縮縫

橋墩

橋面排水設施

欄杆及護牆

引道路堤

擋土牆

引道護坡

橋台基礎

防震設施

河道

橋墩基礎

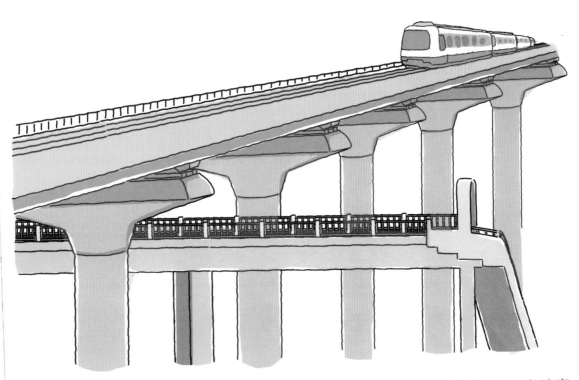

橋梁有很多種形式，上面這張圖出現了哪種橋？請打勾，並將後面的訊息填寫完整。

(   ) 人行天橋，它跨越 _____，在上面行走的是 _____ 。

(   ) 引水橋，它跨越 _____，在上面行走的是 _____ 。

(   ) 高架橋，它跨越 _____，在上面行走的是 _____ 。

(   ) 水上吊橋，它跨越 _____，在上面行走的是 _____ 。

(   ) 跨河橋梁，它跨越 _____，在上面行走的是 _____ 。

為什麼要設置高架橋呢？請寫下你的想法。

怎麼知道橋梁損壞了？

橋梁在建設之前，需要做好荷重、耐震以及防洪的檢測，建好之後，最重要的就是要好好的養護，維持它的使用年限，否則遭受地震、風雨、洪水，以及長久的人車通行使用，導致橋梁劣化卻沒有加以監控，那很可能就會對使用人產生安全的威脅。

橋梁建好了，得要好好維護使用才行。

讓我來考考你對橋梁養護有多了解。

橋梁的基本功能

橋梁構造最主要的功能就是將梁上可承載的重量，透過精密計算，利用支承系統將重量傳遞到橋的兩邊或是橋墩，讓橋梁的變形量在安全範圍內。

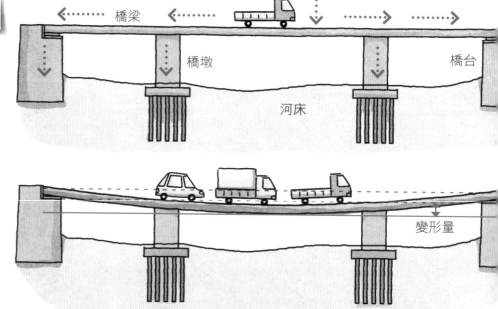

橋梁的「健康檢查」

橋梁常見的劣化損傷有：橋梁的混凝土有裂縫、基礎被沖刷掏空、鋼筋腐蝕、基樁斷裂或傾斜、大梁變形過大等等。工程人員會根據二十幾項的項目進行整座橋梁的健康診斷。

引道路堤	摩擦層	支承/支承墊
引導護欄	橋面排水設施	止震塊/拉桿
河道	緣石和人行道	伸縮縫
引導護坡-保護措施	欄杆及護牆	大梁
橋台基礎	橋墩保護設施	橫隔梁
橋台	橋墩基礎	橋面板/鉸接板
翼牆/擋土牆	橋墩墩體/帽梁	其他

★ 問問在進行橋梁報導時，也拍了幾張橋梁劣化損壞的照片，請你一起來看看，
這是屬於哪一個項目的劣化呢？並試著描述劣化的狀況

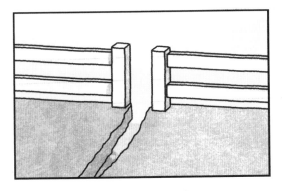

劣化項目：

（請利用前面的表格對照看看，這是屬於橋梁的
　哪一項？）

說明：

劣化項目：

說明：

劣化項目：

說明：

劣化項目：

說明：

橋梁大調查

設計橋梁真有趣，我也想設計橋梁。

讓我來考考你對橋梁設計有多了解。

你家附近是否有橋梁，或是你曾經去過的地方經過橋梁，它們是哪一種橋梁呢？你認為它建造的目的和功能是什麼？學學問問去調查一下吧！說不定你會查到一些有趣的故事呢。調查的時候請注意安全喔！

橋梁的名稱：

橋梁地點：請畫出街道地圖和標示相對位置

橋梁建造時間：

建造目的：

橋梁的形式：

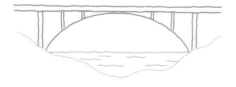

□拱橋

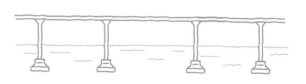

□梁橋

□吊橋

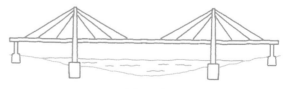

□斜張橋

☆ 請把這座橋畫下來：

我的新聞稿：試著寫下你所調查的橋梁故事，例如它的建造背景，解決了哪些問題，幫助這裡的居民、使用者獲得怎樣的生活改善。當它已經使用了一段時間，是否需要做什麼維修或改建，才能維持更長久的使用期限？

報導標題：＿＿＿＿＿＿＿＿＿＿＿＿＿＿＿＿＿＿＿＿＿＿＿＿＿＿＿＿＿

＿＿＿＿＿＿＿＿＿＿＿＿＿＿＿＿＿＿＿＿＿＿＿＿＿＿＿＿＿＿＿＿＿＿＿＿＿

＿＿＿＿＿＿＿＿＿＿＿＿＿＿＿＿＿＿＿＿＿＿＿＿＿＿＿＿＿＿＿＿＿＿＿＿＿

＿＿＿＿＿＿＿＿＿＿＿＿＿＿＿＿＿＿＿＿＿＿＿＿＿＿＿＿＿＿＿＿＿＿＿＿＿

＿＿＿＿＿＿＿＿＿＿＿＿＿＿＿＿＿＿＿＿＿＿＿＿＿＿＿＿＿＿＿＿＿＿＿＿＿

＿＿＿＿＿＿＿＿＿＿＿＿＿＿＿＿＿＿＿＿＿＿＿＿＿＿＿＿＿＿＿＿＿＿＿＿＿

（✓）人行天橋，它跨越馬路，在上面行走的是行人。

（✓）高架橋，它跨越馬路和人行天橋，在上面行走的是捷運列車。

☆ 劣化項目：橋面板　☆ 劣化項目：橋墩

☆ 劣化項目：護牆　☆ 劣化項目：橋墩基礎

解答

61